设计机械臂、柠檬电池和太阳能烤箱

SHEJI JIXIEBI NINGMENG DIANCHI HE TAIYANGNENG KAOXIANG

39个实验展示技术的非凡作用

39 GE SHIYAN ZHANSHI JISHU DE FEIFAN ZUOYONG

[英] 尼克 · 阿诺德 著 王建伟 译

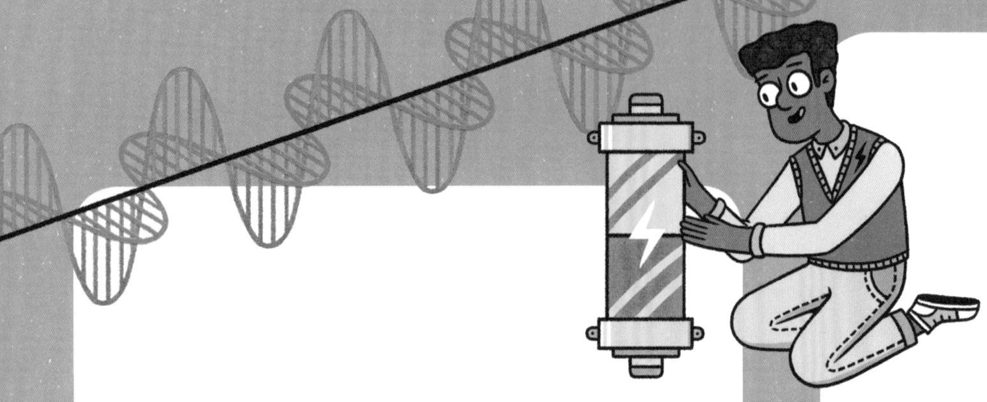

桂图登字：20-2018-003

/ 作者 /

尼克·阿诺德

尼克·阿诺德是英国著名科普作家。他撰写了多本儿童科普读物，是“可怕的科学”的作者之一，在世界范围内广受赞誉。写作之余，他经常在书店、学校或图书馆为孩子们做讲座。

/ STEAM 编辑顾问 /

乔吉特·雅克曼

乔吉特·雅克曼是STEAM综合框架的开发者和创始人，拥有STEAM综合教育、技术、服装设计专业多个学位。她身为STEAM教育机构的首席执行官，为20多个国家和地区提供了众多的教育专业发展课程以及国际政策咨询。

图书在版编目（CIP）数据

设计机械臂、柠檬电池和太阳能烤箱:39个实验展示技术的非凡作用/(英)尼克·阿诺德著;王建伟译.—南宁:接力出版社,2018.12
（STEAM动手探索系列）
书名原文:Tools, robotics and gadgets galore
ISBN 978-7-5448-5702-4

Ⅰ.①设… Ⅱ.①尼…②王… Ⅲ.①科学实验－少儿读物 Ⅳ.① N33-49

中国版本图书馆CIP数据核字（2018）第195544号

责任编辑：车　颖　杜建刚
美术编辑：林奕薇　　责任校对：刘会乔
责任监印：刘　冬　　版权联络：王燕超
社长：黄　俭　　总编辑：白　冰
出版发行：接力出版社
社址：广西南宁市园湖南路9号　　邮编：530022
电话：010-65546561（发行部）
传真：010-65545210（发行部）
http：//www.jielibj.com　　E-mail：jieli@jielibook.com
经销：新华书店
印制：深圳当纳利印刷有限公司
开本：889毫米×1194毫米　1/16
印张：5　　字数：80千字
版次：2018年12月第1版
印次：2018年12月第1次印刷
印数：00 001—20 000册　　定价：48.00元

本系列专家顾问团队

刘兵	清华大学教授，中国科协－清华大学科技传播与普及研究中心主任
江晓原	上海交通大学讲席教授，科学史与科学文化研究院首任院长
张增一	中国科学院大学教授，博士生导师，人文学院副院长兼传播学系主任
刘华杰	北京大学科学传播中心教授，中国野生植物保护协会理事
徐善衍	中国科协－清华大学科技传播与普及研究中心理事长
高峰	中国科学院附属玉泉小学校长，新学校研究会副会长
郑良栋	STEAM课程专家、高级顾问

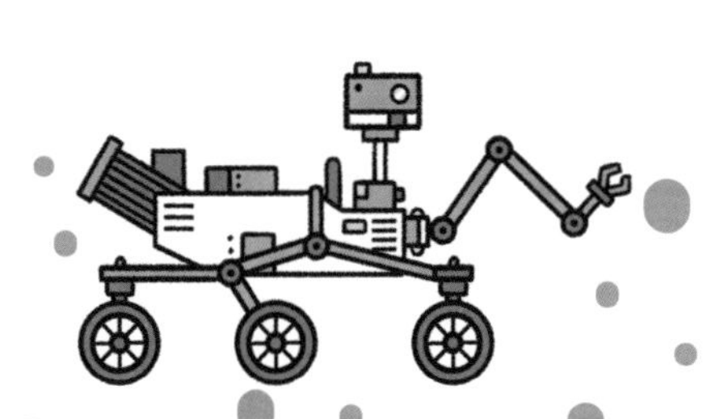

目录

动力与能源	运输	医学及生物医学	农业、生物技术	建筑业（包括建筑设计）	制造业	信息与通信
	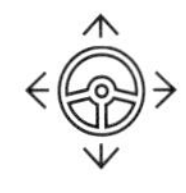				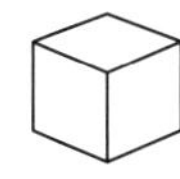	

欢迎踏上STEAM学习之旅！

STEAM 教育以科学、技术、工程、艺术、数学为核心，对人类知识做出全新的跨学科整合，它对提高孩子的核心素养，培养孩子在未来社会的生存力、竞争力助益良多，意义重大。

“STEAM 动手探索系列”是国内首套 STEAM 教育实践读物，全套书理念清晰，内容设置精准，每册配有 30 个以上的小实验，帮助孩子“玩中学，学中玩”——在有趣、简易的实验中训练解决问题的能力，养成自主探索的品格，让每个孩子都成为独立思考、脑手合一、善于解决问题的小能人、小专家。

科学

在科学课上，你可以研究周围的世界。

卡洛斯和艾拉

超级科学家卡洛斯是超新星、引力和细菌学领域的专家。艾拉是卡洛斯的实验室助手。卡洛斯将要去亚马孙雨林，艾拉可以协助收集、整理和储存数据！

技术

在技术课上，你可以发明新产品和小工具，从而改善我们的世界。

莱维斯和维奥莱特

顶级技术专家莱维斯的梦想是率先乘着宇宙飞船登上火星。天才机器人维奥莱特是莱维斯使用可回收垃圾制造的。

工程

在工程课上，你可以解决实际问题，制造非凡的结构和设备。

奥利弗和克拉克

奥利弗是杰出的工程师，她三岁时就（使用狗粮）建造出她的第一座摩天大楼。克拉克是奥利弗在一次去往埃及吉萨金字塔的旅途中发现的。

数学

在数学课上，你研究数字、测量和形状。

索菲和皮埃尔

数学天才索菲计算出了喜欢吃爆米花的人与喜欢吃甜甜圈的人的比例，这让全班同学刮目相看。皮埃尔是索菲的计算机帮手。他的计算机技能对于解读质数的奥秘有很大帮助。

技术 *指的是创造有用产品的手段和工艺流程。*

技术涵盖了一系列创造有用产品的手段和工艺流程。有人认为铅笔是最重要的一项技术发明，因为几乎每个人学会写字后都用它分享过自己的思想。在历史长河中，人们的思想激发了各个科技门类的产生。了解它们的历史有助于解密其背后的“魔力”，让我们明白它们来自何处（科学），以及是如何工作的（工程、技术和数学）。如果你有此爱好，或许会成为一名解决问题的高手或令人称赞的科技大师。

动力与能源

利用、改变、传输能量的技术和过程。

运输

把事物，包括风、浪和数据等，从一个地方转移到另一个地方的方式。

医学及生物医学

利用生物的相互作用，来修复或改善身体状况的设备、药物和过程。

农业

规划和种植植物以及饲养家畜等事务及过程与器具。

生物技术

利用生物的某一部分来研制新产品。

信息与通信

传输文字、音乐、图片、肢体语言和符号等信息的方式，以及增强和传输信息的设备。

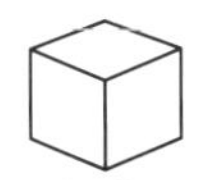

制造业

大批量生产制造物品的体系。

建筑业（包括建筑设计）

利用已知工艺，使用某些材料来规划和建造的过程。

我们每个人都需要技术来满足基本的衣食住行需求——建造房屋能为我们和我们的财产提供庇护，医疗技术能延续我们的生命。我们有运输系统和电力供应，还有可以通过众多途径相互传递信息的通信设备。

所有这些领域的技术给我们的生活带来了巨大变化。在这些技术中，你会对哪个门类最感兴趣呢？你理想中的工作是什么呢？

怀揣梦想，祝你成功！

便捷的小工具

几千年前，当我们的祖先开始制造工具，用于狩猎、饮食、建筑及其他基本生活需要时，技术便相伴而生了。最早的小工具之一看起来就像一个楔子。

动手做实验1

楔形的力量

这个简单的实验会让你感受到楔形的力量！

你需要准备：

- √ 硬奶酪片和苹果片
- √ 砧板
- √ 四块不同形状的小石头（约2—3厘米宽）：一块圆形的，一块方形边的，两块楔形的——一头窄，一头宽。楔形的石头或厚或薄，或长或短，都没关系。要把它们洗干净。
- √ 笔和纸

1. 将奶酪切成圆木那样的条状，放在砧板上。

2. 先用其中一块石头将一个奶酪条纵向切开，然后用其他三块石头按同样方向分别将剩下的三块奶酪切开。

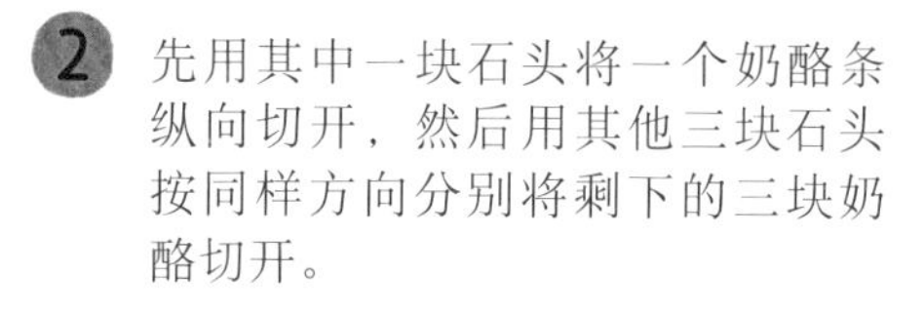

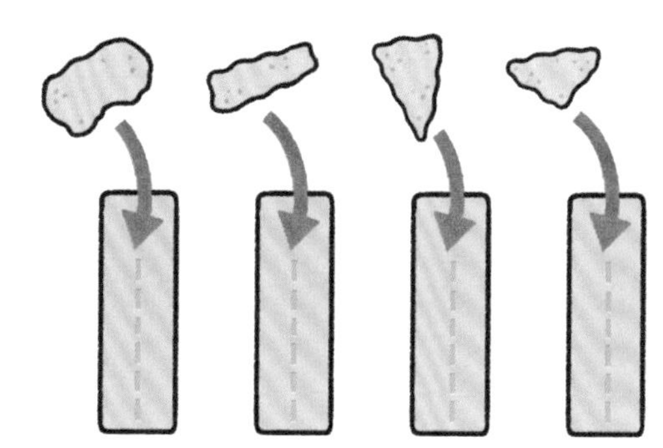

3. 用不同的石头切奶酪会有不同的感受吧？将它们写下来或画出来。

4. 将奶酪换成苹果片，重复步骤1和步骤2。

警告！石头很脏，用前要洗净！

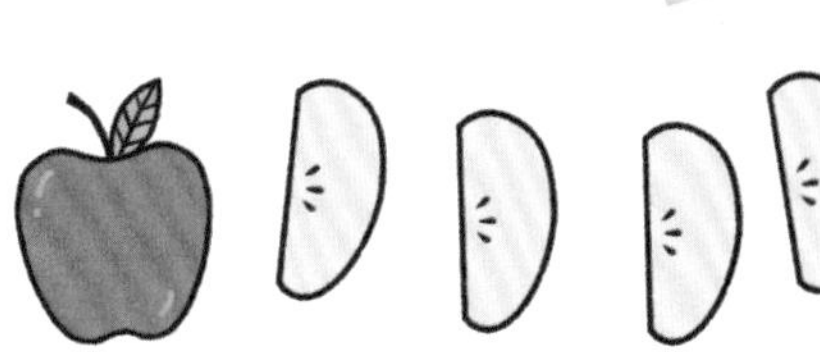

探索开始啦

你或许会发现，长而薄的楔形石头最容易将奶酪和苹果片切开。使用楔子不仅增加了力的大小，也改变了力的方向。力的方向向外，切开物体也就更容易。楔子越薄，楔角越小，对力的放大效果越好，但切开物体时需要将楔子推得更深。

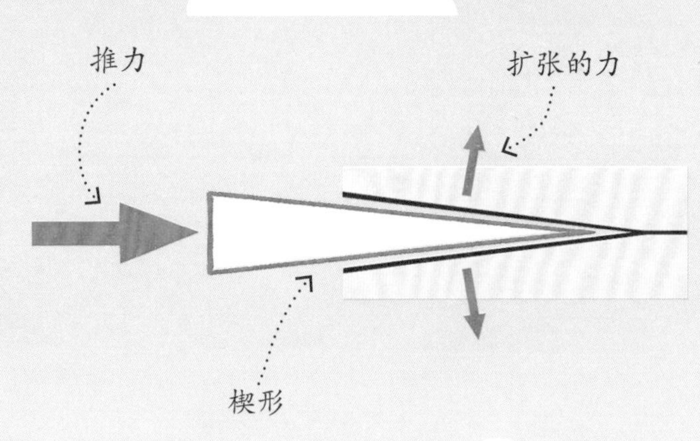

动手做实验2

钉是钉，铆是铆

我们来用一用家中的五金工具。

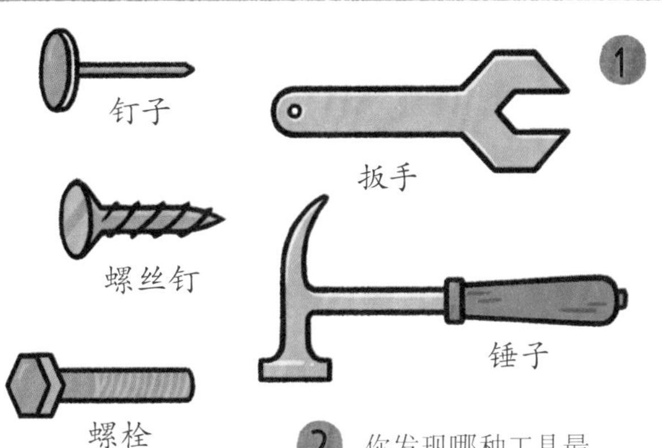

1. 试着用以上工具在木板上打几个孔，组成一张笑脸，想一想会用到哪些工具。（小贴士：先用钉子在木板上打出一个洞来，再拧螺丝钉！）可以请你的助手帮忙。

2. 你发现哪种工具最容易使用了吗？使用锤子的时候，千万别砸到手指啊！

你需要准备：

- √ 一名成人助手
- √ 大小不一的钉子
- √ 大小不一的螺丝钉
- √ 大小不一的螺栓
- √ 一块木板
- √ 一把螺丝刀
- √ 一把锤子
- √ 一把扳手

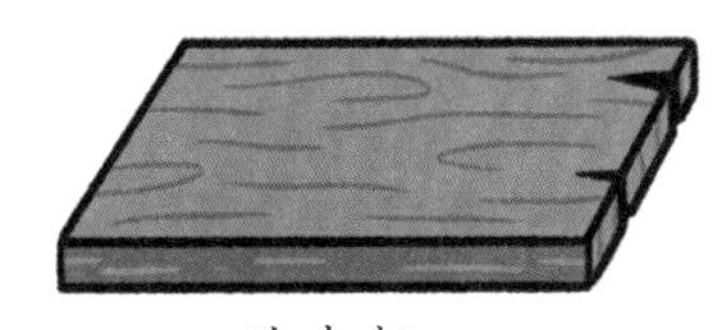

一块木板

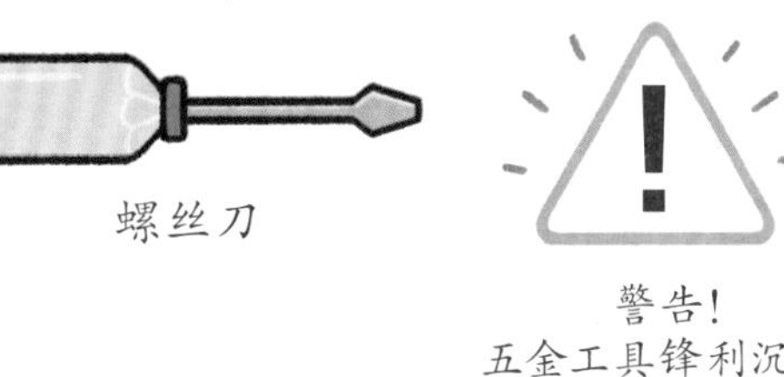

螺丝刀

警告！
五金工具锋利沉重！

探索开始啦

每一种工具都有它特定的功能。锤子把钉子敲进木头，螺丝刀把螺丝钉拧进木头，而扳手和螺栓则没有这个功能。所有这些工具都需要能量才能完成各自的任务。你胳膊上的肌肉提供了所需的能量，而肌肉的能量则是从你吃的食物中获取的。

就是这么容易！

几个世纪以来，发明家一直致力于改进手工工具，使其使用更方便。一些复杂的工具其实包含着简单的装置和机械（改变力的方向的移动部件），我们去一一探究吧！

探索开始啦

下面这些简单机械是许多机器的基本部件。

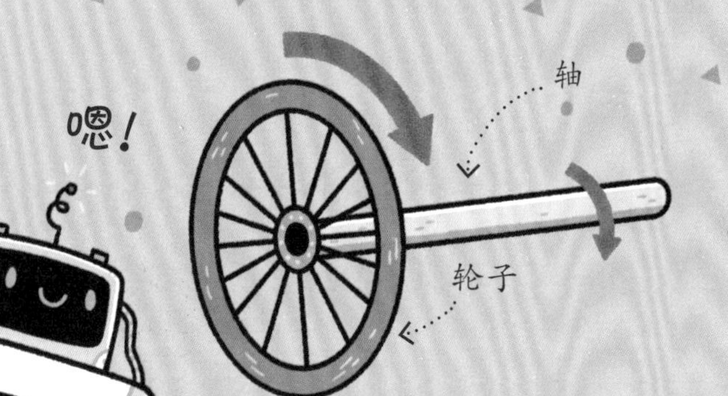

组成轮轴的轮子和轴是固定在一起的，所以它们总是一起转动。轮子边缘转过的距离比轴更长。如果你转动轮子，就会在轴上得到更大的力，而你转动轴，则会使轮子边缘转过的路程更长。

杠杆是放置在一个称为支点的固定点上的杆。当支点在中间时，杠杆两边施加的使杠杆平衡的力是相等的。当杠杆一端离支点越远时，想让杠杆保持平衡，需要在这一端上施加的力就越小。

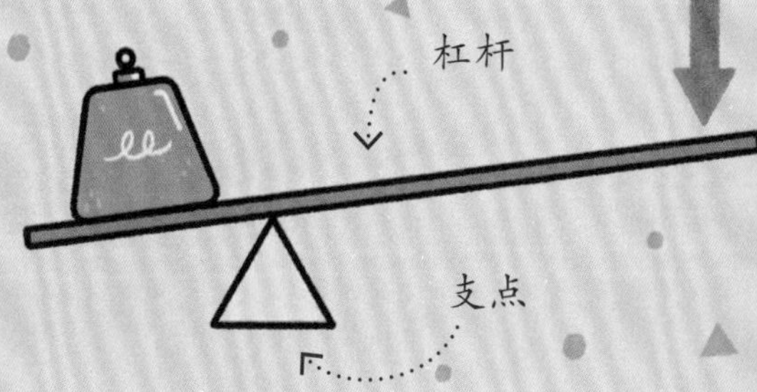

齿轮是啮合在一起转动的齿状轮子，既可以改变转动的速度和方向，又可以改变扭力的大小，在汽车和自行车中应用得很多。

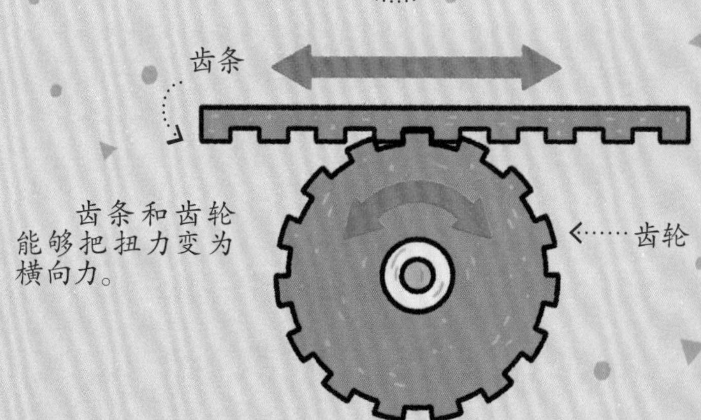

齿条和齿轮能够把扭力变为横向力。

为什么会这样？

在一些日常小工具里，我们可以看到前面列出的简单装置。

开罐器

手柄1就像杠杆一样，能将手的力量聚集到刀刃上。齿轮将手柄2的扭力导向罐头瓶。

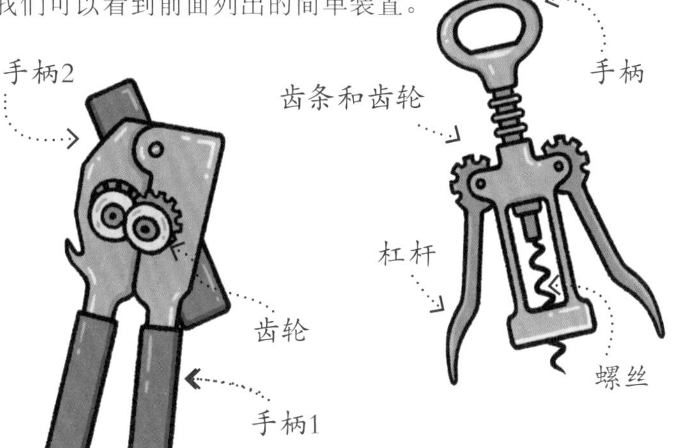

机械开塞钻

推下杠杆，螺丝被拉起，软木塞便被拔出。齿条和齿轮将杠杆连接到螺丝上，这样软木塞就可以上下移动了。

手钻

像轮轴那样工作，钻柄的运动使得扭力集中到钻头上。

钻头

钻柄

趣味谜题

复杂的打蛋器

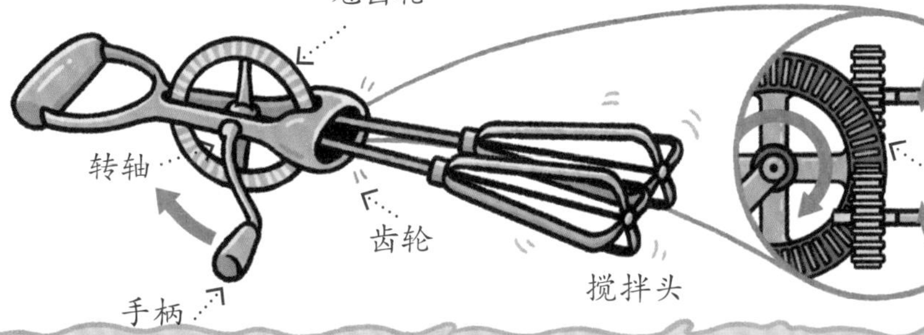

在这个打蛋器中你能找到哪些机械？

A. 杠杆

B. 轮轴

C. 齿轮

猜出来了吗？

为什么会这样？

打蛋器上的手柄、转轴和冠齿轮工作起来就像一个轮轴，手柄转动将力集中到冠齿轮上，冠齿轮以及搅拌头一端的齿轮又将扭力传输到搅拌头上，提高搅拌速度。打蛋器上是找不到杠杆的。

你知道吗？

早期的打蛋器

现代生活中，我们常常会见到电动打蛋器。但是你知道吗？人类第一个打蛋器竟然是用几根苹果树的树枝做成的，做出来的食物都带有了苹果味！

我们下厨吧！

我们的祖先非常聪明，最初在学习如何利用火来做饭和取暖时，就了解到了热的威力。我们来看一看火背后惊人的真相吧！

探索开始啦

火！

火是燃烧这一化学反应的结果。燃料（如木头）中的氢原子和碳原子与空气中的氧结合，反应生成二氧化碳和水，发出热和光。

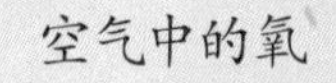

动手做实验1

烤面包啦！

你需要准备:

- √ 一名成人助手
- √ 一台烤箱
- √ 一片面包

1. 请你的助手帮忙打开烤箱，加热到 200℃。
2. 将面包片直接放到烤架上，将其中一面烤 5—7 分钟。
3. 对比一下面包两面的颜色、气味和味道。

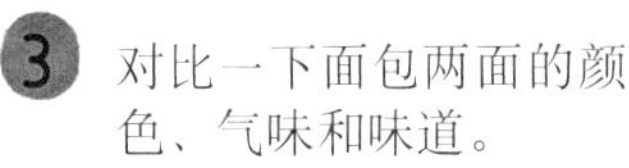

警告！
烤架烫手！

探索加油站

在烤箱或面包机里烤面包时，面包表面发生了一种化学反应。在烤制过程中，酵母中的蛋白质发出烤面包的气味，同时，能够消耗糖分的酵母使得面包的颜色变成焦黄。

动手做实验2

制作太阳能烤箱

你相信吗，我们可以利用太阳能来做饭呢！选一个炎热的夏日试一下吧！

你需要准备：

- √ 一名成人助手
- √ 一个厚的比萨包装盒
- √ 黑色涂料和刷子，或者黑色的纸
- √ 铝箔纸
- √ 报纸
- √ 一把尺子
- √ 一个生鸡蛋
- √ 一个盘子
- √ 保鲜膜

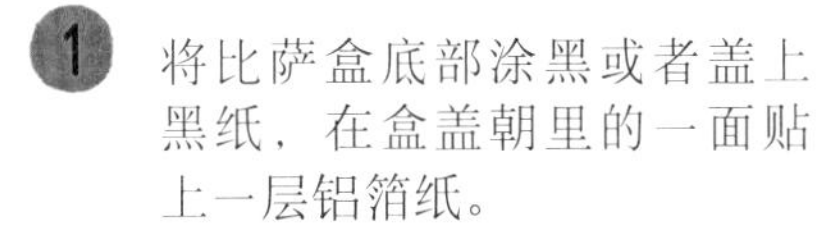

1. 将比萨盒底部涂黑或者盖上黑纸，在盒盖朝里的一面贴上一层铝箔纸。

2. 用报纸卷成四个筒状小卷，沿着盒底四边放好。

3. 用一把尺子将盒盖支起。

4. 鸡蛋打到盘子里，再将盘子放到盒子里，用保鲜膜将盘子和盒子底部包住。

5. 将盒子放到阳光能够照到盒子内部的地方，时间最好是在中午 12 点到下午 3 点之间。别着急，需要等一段时间。在太阳底下烹饪鸡蛋，你会看到蛋清变白、蛋黄变硬的过程。调节盒盖角度，或者用其他东西支撑盒盖，使照到鸡蛋上的光最强。可不要吃未熟的鸡蛋哟！

为什么会这样？

阳光照射在比萨盒里，盒内温度升高，照射到铝箔纸上的阳光也被反射到鸡蛋上。保鲜膜使得暖空气不易散失，黑色涂料或黑纸吸收热量，使盒子底部保持高温。鸡蛋有什么变化呢？鸡蛋里的分子是卷曲成球状的紧密结构，受热后，这种结构被分解并重塑，鸡蛋就从液体变成了固体。

鸡蛋中的蛋白分子

加热前

加热后

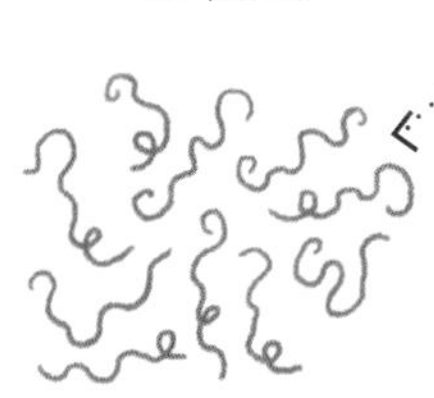

你知道吗？

古代的烹饪

· 人类最早的烤炉是大约 29,000 年前欧洲人使用的火坑，用来烧烤猛犸肉。

· 古希腊人在 3,000 年前就开始使用前开门式的面包烤炉。

· 直到 19 世纪，金属烤炉才开始流行。

制陶术

技术专家们都懂得，加热可以硬化或熔化各种各样的材料，其中一种可以硬化的材料就是陶土。陶土（一种特殊的黏土，岩石或土壤的细颗粒）在叫作“窑”的烤炉里受热，变得坚硬而防水，便成了陶瓷。让我们来看看吧！

陶罐

炉窑

探索开始啦

天然的还是加工的?

天然的黏土非常柔软，受热时，其中的水分会蒸发。在这个过程中，黏土粒子之间会形成新的化学键，从而产生更结实、更坚硬的物质。

动手做实验

制作咸味黏土

好吧，这个“黏土”其实并不是真正的黏土，但你会感受到真正的黏土是如何被赋予各种形状的。可千万不要吃啊！

你需要准备：

- √ 一名成人助手
- √ 量杯
- √ 厨房秤
- √ 盐
- √ 面粉
- √ 一口锅
- √ 一把木匙
- √ 烤箱和炉子

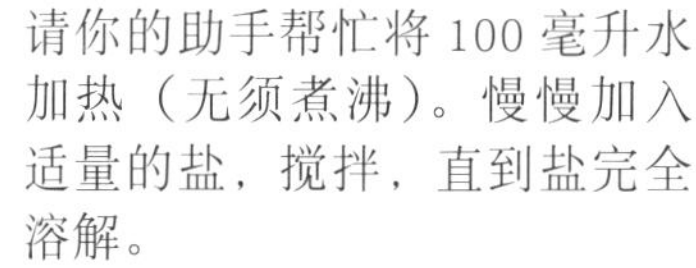

1. 请你的助手帮忙将 100 毫升水加热（无须煮沸）。慢慢加入适量的盐，搅拌，直到盐完全溶解。

盐

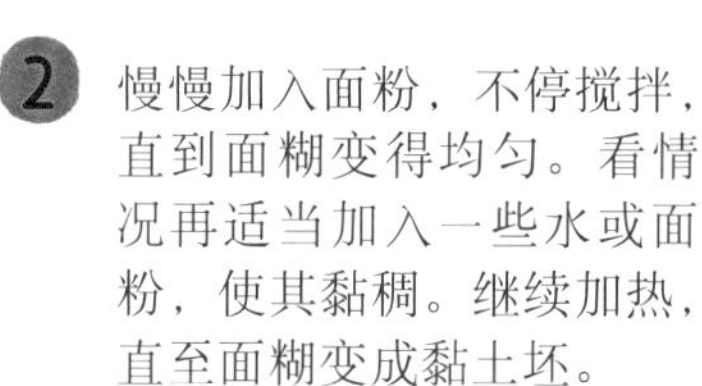

2. 慢慢加入面粉，不停搅拌，直到面糊变得均匀。看情况再适当加入一些水或面粉，使其黏稠。继续加热，直至面糊变成黏土坯。

3. 待到混合物冷却后，揉搓使其质地均匀。然后，你可以把它捏成任何神奇的形状。把烤箱加热至 90°C，将你的作品烘烤 1 小时左右。如果作品较小，可以放入微波炉加热 10—15 秒，直到变干。

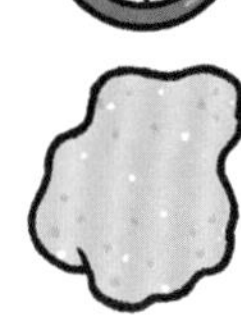

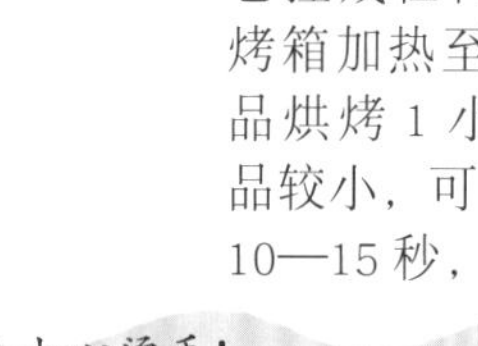

为什么会这样？

你做的咸味面团黏土变干的过程中，面粉里的粒子结合在了一起，面团变硬。

探索加油站

玻璃是另一种陶瓷材料，主要成分是一种叫作二氧化硅的物质，这种物质可从沙中提取。二氧化硅加热后会变软，成型后迅速冷却，最后就变成了透明材料。玻璃中的二氧化硅分子排列无序，有点像液体。

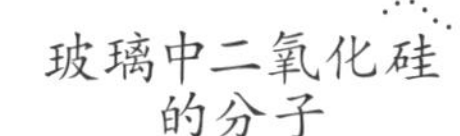

玻璃在受热后质地黏稠，可以流动，所以常常被吹制成各种形状。但当失去热量时，它就会逐渐变硬，成为固体形态。

韦奇伍德

乔赛亚·韦奇伍德（1730—1795）是一位英国陶艺家，他创办的陶瓷工厂制作各种精美的装饰性器具，其中最著名的是独具一格的蓝白色炻器。他还发明了高温计，用来测量窑炉的温度。

神奇的金属

金、银、铜、铁、铝……金属真是无处不在。金属是从地面或地下的矿石中提取的物质，大多数是固体，有着灰色或银色的外观。对技术人员来说，它们是非常重要的材料。

探索开始啦

延展性较好的材料

大多数的金属坚硬而结实，许多可拉成细丝或压成薄板。这些特征使金属成为建筑、工具及机器制造的重要材料，大量用于计算机、汽车和飞机制造等。

许多金属是在被称为矿石的岩石中发现的。人们发明了不同的提取方法，其中一种方法称为熔炼——矿石被加热到很高的温度，直到熔化，熔化了的矿石便可以分离出金属来。

探索加油站

高炉是怎样工作的？

铁是在叫作高炉的巨大加热容器里，从铁矿石中提炼出来的。高炉中加入石灰石（一种岩石）和焦炭（一种由煤制成的燃料），促进化学反应，使铁矿石中的铁与其他物质分离。

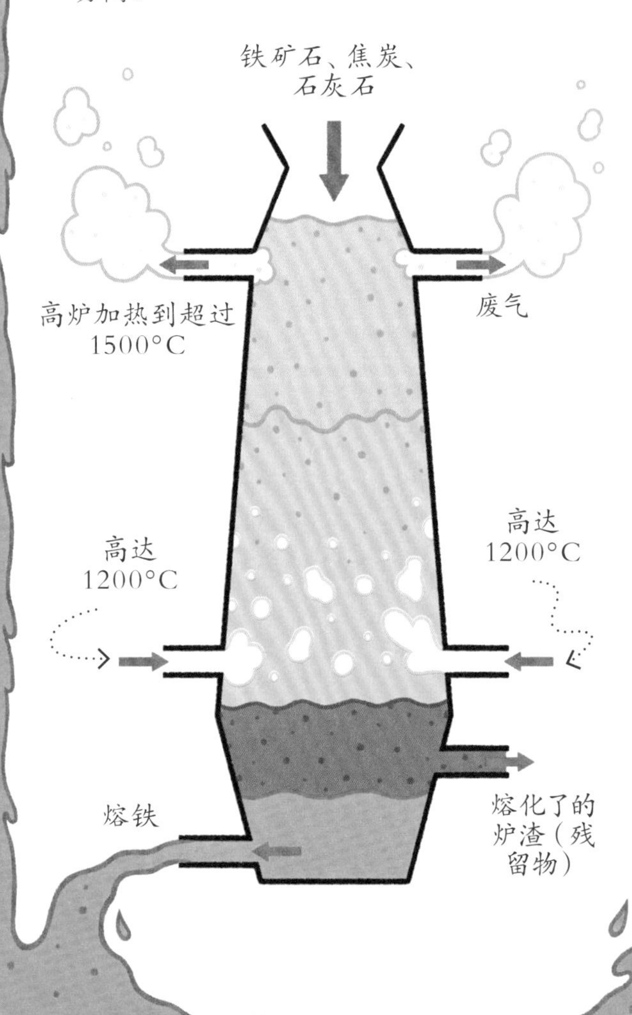

回形针

金属那些事儿

1 画一张简单的三栏表格，将金属名称分别写在表格顶端。

我们测试一下一些金属，看看它们都有什么用途。

你需要准备：

- √ 一支笔
- √ 一张纸
- √ 一个牢固的90度角，比如桌角
- √ 三种金属丝——比如铜的、铝的和不锈钢的（可以用回形针代替不锈钢丝）

2 将回形针折成S形状。

3 将其中一根金属丝放到90度角的桌边上，沿着桌边向下折，然后再将金属丝折回，使其水平。这算一次完整的弯折。多试几次。

警告！
留意尖锐的桌角！

4 将三种金属丝一一测试，数一下它们在被折断之前弯折了几次。这是检验金属的“弹性”——折叠后恢复原形的能力的方法。将结果填到表格里。

5 哪种金属丝最结实呢？为什么你会觉得它更结实一些？因为它们更粗吗？你可以用同样粗细和长度的金属丝再试一次。

为什么会这样？

有些金属丝比较软，更容易弯曲，铝和黄金就是比较软的金属。有些金属很脆，在弯曲时很容易折断，但更坚固或者在其他方面更有用。钢是一种合金——至少含有一种金属的混合物。钢的成分主要是铁和碳，强度很大，但也可以拉伸。它被用于桥梁和房屋建造等。

你知道吗？

奇妙的复合材料

许多物品看起来像金属制品，但其实为了某些特定用途被添加了一些其他物质。混合金属称为合金，若加入陶瓷或塑料，混合物则成为复合材料。例如，制作网球拍的材料就是一种以高强度和轻盈闻名的复合材料。复合材料大多是人工合成的，自然界中也有一些。

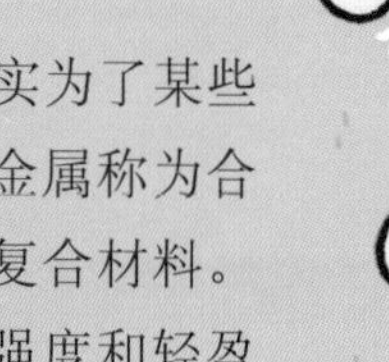

不可思议的塑料

在我们周围，很容易就能找到一些塑料做的物品，如食品包装、玩具、电话等。塑料结实而轻便，可塑性强，因而被广泛使用。

探索开始啦

大多数塑料是合成的，许多是由石油、煤和天然气中提取的物质制成的。

塑料是一种聚合物。聚合物是长链的分子，包含碳原子、氢原子，有时还有其他种类的原子。这种分子链是通过化学反应形成的。

动手做实验1

自制塑料

哇，自己制作弹性塑料的机会来了！

你需要准备：

- √ 一名成人助手
- √ 全脂牛奶
- √ 一个量杯
- √ 醋
- √ 两个茶匙
- √ 一个深平底锅
- √ 一个碗
- √ 一个细筛子
- √ 一个炉子

1. 请你的助手帮忙把150毫升的牛奶加热至沸腾。

2. 加入四茶匙醋。
3. 不停搅拌，直到有凝结物形成，然后把锅从炉上取下。
4. 用细筛子将混合物过滤，液体过滤到碗里。

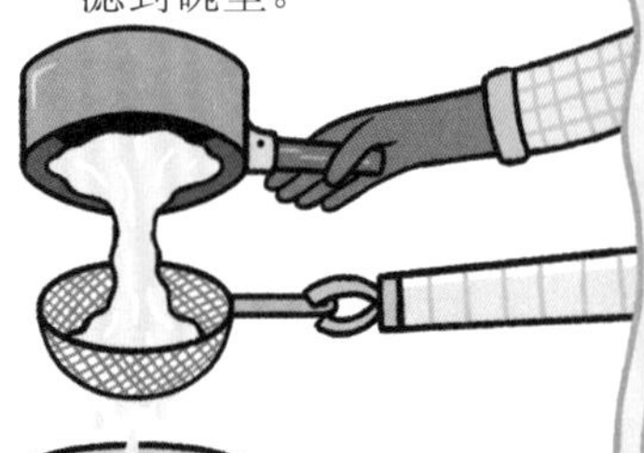

5. 将液体倒掉，将剩下的固态物按压在一起，就可以制成任意形状了。

为什么会这样？

恭喜你成功做出了弹性塑料！同所有的塑料一样，它是由长链的分子构成的。在你做的塑料中，分子是一种叫作酪蛋白的蛋白质。醋里的酸使牛奶中的蛋白质和脂肪分离，蛋白质形成了胶团。

脂肪

蛋白质

测验时间到了!

呃——测验？别紧张，这次是你来主持测验。

你需要准备：

- √ 一名成人助手
- √ 一个小的塑料物体（如瓶盖）
- √ 一个大小相近的金属物体（如废旧钥匙）
- √ 一块磁铁
- √ 胶带
- √ 一把锤子
- √ 一个杯子
- √ 一把水壶

1. 用磁铁分别吸塑料物体和金属物体。会发生什么现象？

2. 让它们从相同高度下落到硬的地面上。

3. 请你的助手帮忙将水壶里的热水倒入杯子里，把每样物体用胶带粘到杯子外壁上，保持 5 分钟，然后用它们去接触你的皮肤。会有什么感觉？

警告！斧子很沉，热水很烫！

4. 将它们放到室外的地面上，用锤子以同等大小的力敲打它们。它们会有什么变化？

探索加油站

这个小实验凸显了金属和塑料的一些区别。金属通常非常坚硬，有些能被磁铁吸引，而且传热性强（很容易让热量通过）。而塑料不能被磁铁吸引，也不容易让热量通过。塑料通常比金属更有弹性，更加柔软。你还能想到其他的测试项目吗？

趣味谜题

你会用哪一种材料来制作……

1. 怪物的笼子？
2. 孩子玩的球？
3. 南极洲高科技基地？

（答案见书后）

妙不可言的纺织品

从鲜艳夺目的时装到色彩纷呈的地毯，我们的生活离不开纺织品。可是，纺织品是怎样制造出来的呢？我们去找答案吧！

探索开始啦

纺织品制造

被称为纤维的长而细的丝状物被纺成纱（或线）。这些纤维可以是天然的，如羊毛、棉花或蚕丝；也可以是人工合成的，如聚酯纤维和尼龙。纱线随后被织成布料或毛料。

动手做实验1

你需要准备：

- √ 用天然纤维（如羊毛、棉花）制成的旧物品
- √ 用合成纤维（如聚酯纤维或尼龙）制成的旧物品
- √ 冰块
- √ 笔和纸

警告！
不要用手直接拿冰块——会"烫"伤你的手！

1. 分别用不同材料将你的手包住，然后用手拿住冰块。哪一种纺织品的保暖时间最长呢？把结果写下来。

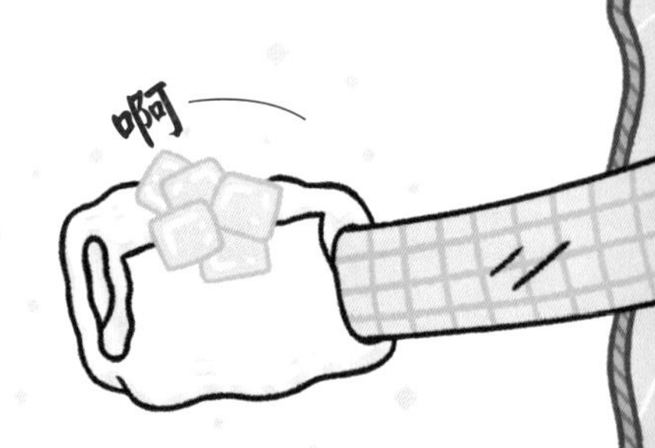

2. 将纺织品分别放到池子里，在上面倒一杯水。哪种纺织品吸水最多？把结果写下来。

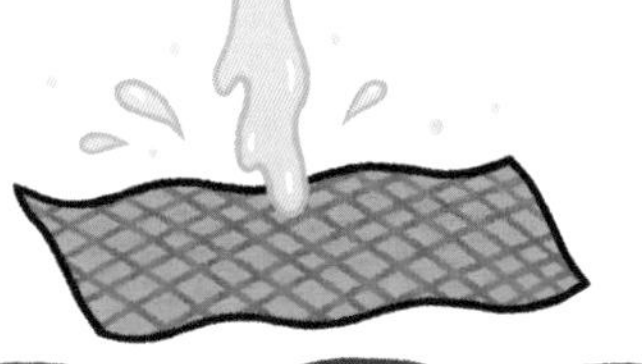

3. 用同样大小的力拉伸纺织品，哪一种被拉伸得最长？哪一种变了形？把结果写下来。

为什么会这样？

你发现天然纤维和合成纤维有什么不同了吗？羊毛织物编织松散，能够“困”住暖空气，因而穿起来暖和。尼龙织物编织密实，防水性能较强。棉织物会吸收大量的水分，穿起来清爽。

动手做实验2

神奇的编织

你想学一下编织工艺吗？

你需要准备：

- √ 一块硬纸板
- √ 剪刀
- √ 毛线或绳子
- √ 几块旧的纤维制品（最好颜色不同或图案不同）
- √ 一把尺子
- √ 一支笔
- √ 胶水

线

1. 纸板两端画上偶数条线，两线之间距离1.5厘米。纸板两端的线要对齐。
2. 沿线剪出切口。将毛线一端留出至少10厘米，从顶部切口拉到底部切口，然后，从纸板背面绕到底部第二个切口，再从正面把毛线拉到顶部第二个切口。

毛线

3. 重复步骤2，将毛线从一端到另一端依次缠绕，直到缠完所有切口。
4. 留出足够长的线，使毛线两端能够在纸板背面系起来。

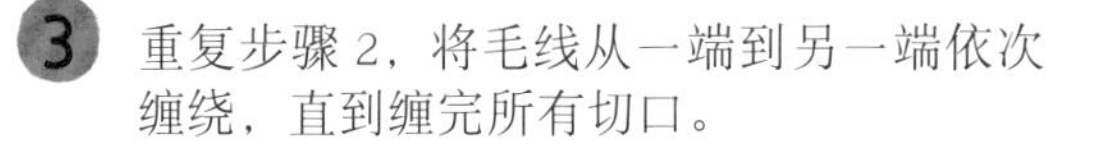

5. 把布料剪成约1厘米宽的布条，长度比纸板宽度多出2厘米即可。
6. 在纸板正面，将布条一上一下穿过毛线，布条末端用胶水粘在纸板背面。

胶水

为什么会这样？

你的创作就是一件编织艺术品！纸板就是一个简单的织布机——用来织布的装置。

锦上添花的印染术

科技不仅仅是工具机械和大数据，用于染色和印刷的各种颜色和油墨也是科技。来，小小技术专家们，一展身手吧！

动手做实验1

衣服染起来

早期人类最先使用的是天然染料（由动物或植物制成），用以创作洞穴壁画。后来人们很快就学会了给布料染色。现在，许多染料都是合成的。

你需要准备：

- √ 一名成人助手
- √ 一件白色棉T恤衫
- √ 橡皮筋
- √ 紫甘蓝
- √ 白醋
- √ 橡胶手套
- √ 旧衣服
- √ 一把大勺子
- √ 一个细筛子
- √ 两口大锅
- √ 盐
- √ 一把水壶
- √ 一个炉子

1. 穿上你的旧衣服，戴上橡胶手套——接下来可能会变得一团糟！

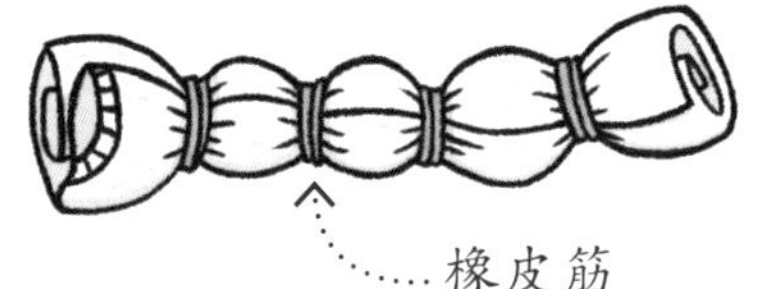

2. 将T恤衫像手风琴风箱那样折叠起来，用橡皮筋扎起来。

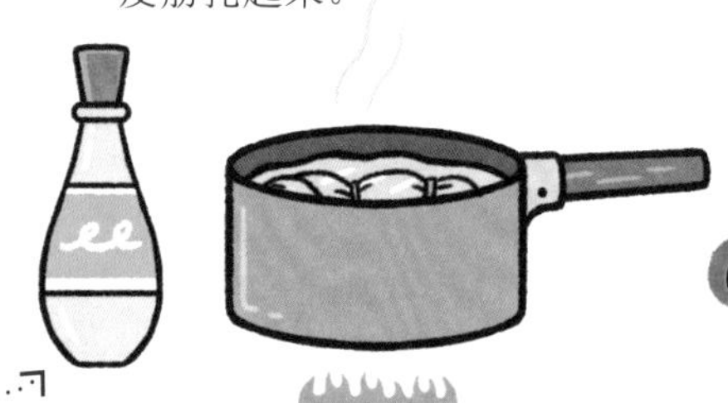

3. 锅里加入2升水和500毫升白醋。请你的助手帮忙将混合物加热，直到沸腾。将T恤衫放入，再煮1小时。

警告！小心热水和操作中出现的混乱！T恤衫与其他衣服同洗之前要烘干！

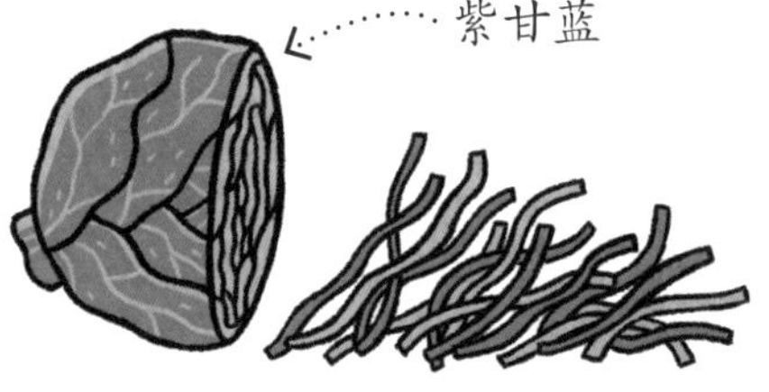

4. 与此同时，取另一口锅，将紫甘蓝切碎，放入水中，请你的助手帮忙煮1小时。这就是你的染料了。

5. 将T恤衫浸入冷水中，然后拧干。一定要戴上手套。

6. 当染料准备好后，用细筛子将紫甘蓝渣滤出，将T恤衫浸泡到染料中。可以添加热水使T恤衫完全浸在水中，搅拌均匀。

7. 当T恤衫变成深紫色时，取出，在水龙头下用凉水冲洗，直到T恤衫不再掉色。然后，将它放入加盐的水里进行固色。

8. 去掉橡皮筋，将T恤衫挂在室外晾干，也可以用烘干机烘干，这样衣服在以后洗涤时就不易掉色了。跟其他衣服分开洗，直到T恤衫不再掉色。

为什么会这样？

恭喜，你有了一件紫色条纹上衣！可是，染料是如何固定到T恤衫上的呢？紫甘蓝里含有一种色素，是优良的天然染色剂。染料中的分子通过化学反应附着在了织物的分子上。当食物溅到衣服上时，发生的也是类似的反应。加醋可以使色素变成紫红色。

动手做实验2

开始印刷！

我们仔细观察一下油墨和印刷术的神奇吧！

你需要准备：

- √ 六个常见物品，如螺丝钉、螺母、橡皮、积木、半个土豆等
- √ 六种水粉颜料
- √ 纸
- √ 一支笔

1. 用六个物品的形状和六种颜色可以组合成一个对应于26个字母的字母表，比如红色十字头螺丝钉代表“A”。列出你的字母表。剩下的形状和颜色还可以组合出10个数字。

红色十字头螺丝钉=A

蓝色螺母=B

绿色积木=C

黄色土豆=D

橙色橡皮=E

紫色瓶盖=F

2. 用新编制的字母表印出你的名字。将物品蘸上颜料（注意不要蘸得太多），然后印到纸上。

为什么会这样？

你在印刷呢！早期的印刷匠就是这样工作的。他们发明了印刷机器，将金属字母安装在字盘架里，然后印到纸上。但字母的形状和排列顺序都是反过来的，印刷出来就是正的了。

有魔力的纸

人们经常见到它，使用它，但常常忽视它的存在。如果没有它，人们真的会不知所措，无所适从。小小技术专家们，我们来见识一下纸的威力吧！

1. 树木被伐倒。

2. 木头被粉碎成木屑。

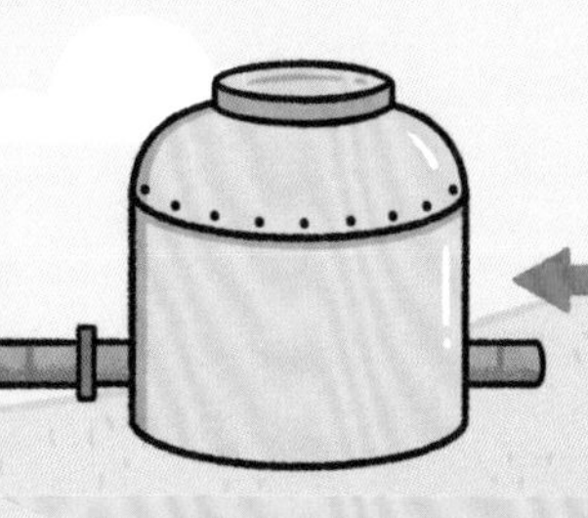

3. 木屑中加水，使其成为木浆。

4. 木浆经过烘干和挤压……

5. 然后切割成纸张。

探索加油站

真奇怪，纸竟然是用大树造出来的。这怎么可能呢？继续向下看……

动手做实验1

古怪的水实验

水怎么会“走”呢？这完全与纸的结构有关。小小技术专家们，不要困惑，答案很快就揭晓！

你需要准备：

- √ 蓝色食用色素
- √ 黄色食用色素
- √ 厨房用纸和卫生纸
- √ 三个杯子
- √ 一个汤匙

1. 两个杯子都装三分之二的水，第一个杯子里加入足够的蓝色色素，使水变成深蓝色；第二个杯子里加入黄色色素，充分搅拌。

2. 将一张厨房用纸纵向对折，然后再纵向对折一下。以同样方式再折一张。

3. 将第三个空杯子放在前两个杯子中间，像右图那样把折纸放好，看看接下来会发生什么。使用卫生纸再做一次实验。

蓝色　　黄色

为什么会这样？

水携带着颜料在两张厨房用纸中移动。水会流到中间的杯子里，混合后成为绿色！水怎么会向上流呢？纸的主要原料是一种叫作纤维素的天然微细纤维，而这种纤维来自树木。纤维素吸收水分，水分子相互吸引，纸上便聚集了越来越多的水。厨房用纸和卫生纸都有很大的空隙，所以可以吸收大量的水。

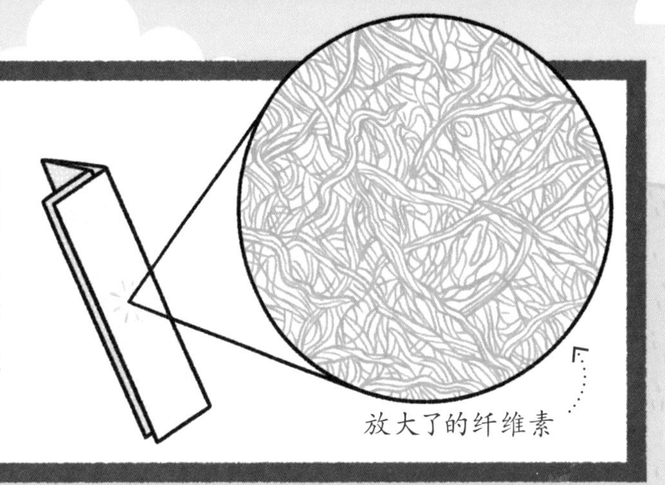

动手做实验2

“预言者”

1 将长方形纸的一条短边折到一条长边上，把剩余的小矩形剪掉，留下的纸展开就是一个正方形。

2 将正方形的四个角都向中心折叠。

3 将纸翻过来，将四个角再向中心折叠。

你需要准备：

- √ 一张长方形的白纸
- √ 剪刀
- √ 彩笔

4 将纸再一次翻过来，让四个小正方形朝上，分别涂上不同的颜色。

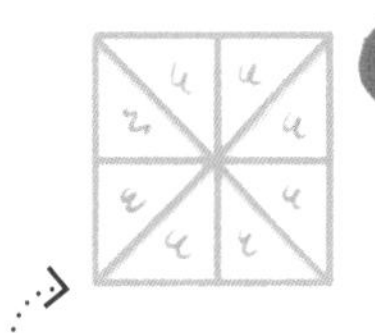

5 再翻过来，朝上的就是小三角形了。给八个小三角形分别标上数字1—8。

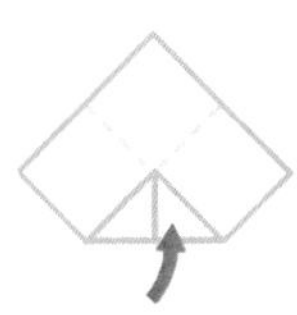

6 打开三角形，在每个数字反面写上各种预言，比如“遇到有趣的人”或“有难忘的旅行”等。

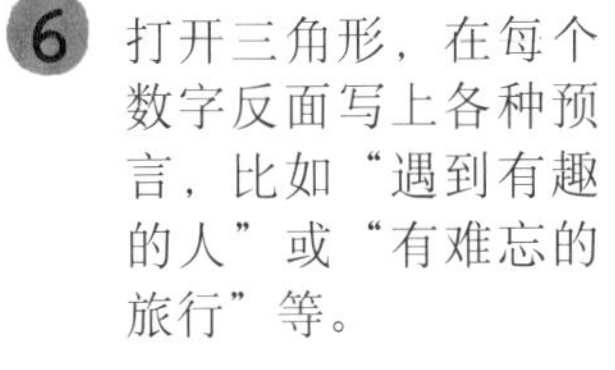

7 翻过来，使小正方形朝上。横向对折，以便你双手的食指和拇指都能放到小正方形下面。

8 让你的朋友挑一种颜色，然后按照颜色英语单词的字母数，前后左右地开合“预言者”，同时拼出这个单词。比如，红色“red”有三个字母，那就开合三下。

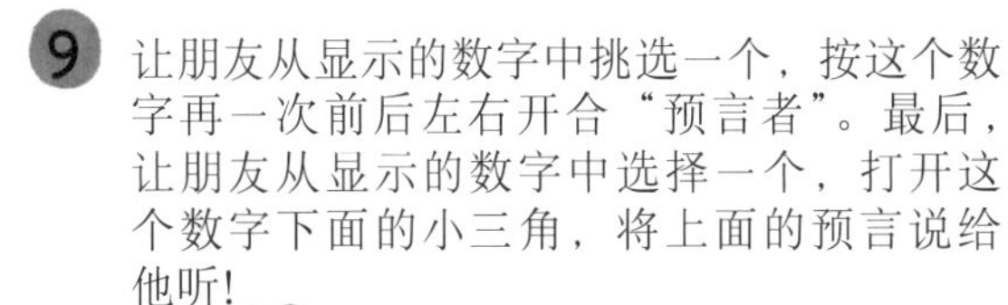

9 让朋友从显示的数字中挑选一个，按这个数字再一次前后左右开合“预言者”。最后，让朋友从显示的数字中选择一个，打开这个数字下面的小三角，将上面的预言说给他听！

为什么会这样？

纸看起来很薄，但可以折叠成不同的形状，因而用处很大。有的纸比其他纸更结实，那是因为它们有更多的纤维或纤维更长更密实，也可能是因为有些纸添加了树脂等增强剂，提高了纸张强度。

顺流而下

水真是随心所欲——或滴，或渗，或流，或淌，好不自在！好吧，小小技术专家们，我们需要制订一个计划，看看怎样控制住它！

探索开始啦

怎样移水和储水？

自古以来，人们一直在想方设法控制水的流动。在2,000多年前的埃及，人们利用沟渠、桔槔以及阿基米德螺旋泵把水引到庄稼地里。在古代中国，人们建造了运河闸门。今天，发动机和集中供暖系统都依靠泵来移动水。

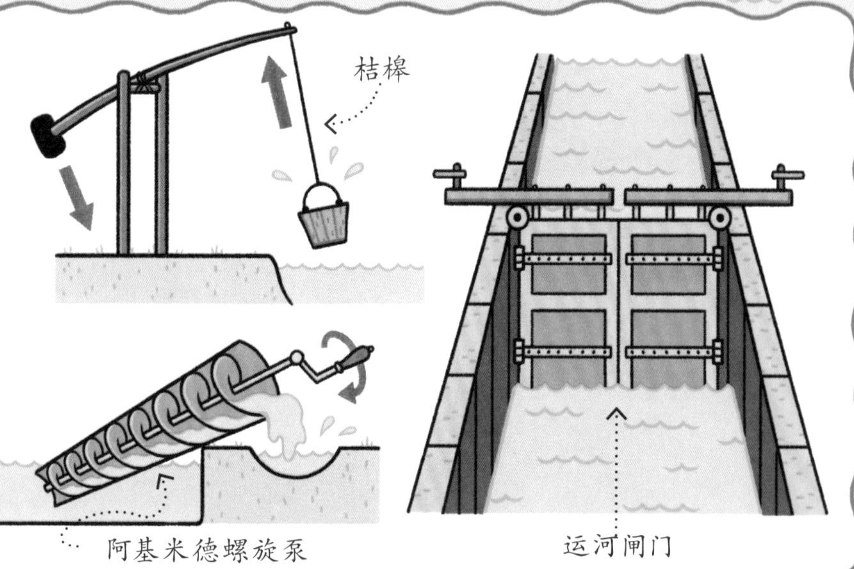

动手做实验

快来打气吧！

其实我们每天都使用泵，来看看它们都是怎样工作的吧！

你需要准备：

- √ 按压式洗手液瓶的瓶头
- √ 两杯水

1. 彻底洗净瓶头上的洗手液。

咔哧！

2. 将软管一端放入杯子里的水中，瓶头出液口放在另一个杯子上方，反复按压瓶头手柄。

为什么会这样？

当你按下瓶头手柄时……

1. 活塞被压到弹簧腔里。

2. 弹簧腔里的水通过活塞的中空管，被挤压到瓶外。弹簧腔里的水排光。

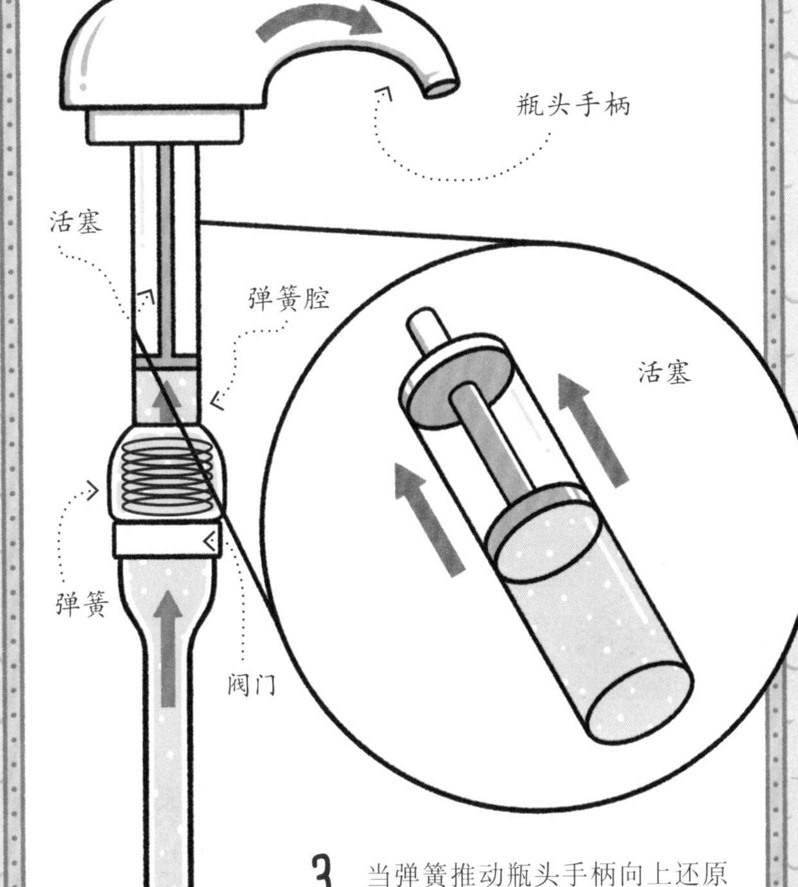

3. 当弹簧推动瓶头手柄向上还原时，杯中的水被吸入软管，并通过阀门进入弹簧腔。

4. 水为什么会沿着软管往上流？水不是应该向下流吗？答案是：水会从气压高的地方向气压低的地方流动，而弹簧腔里的压力比杯中水面上的气压低。

你知道吗？

你的心脏

你的心脏就是一个把血液输送到身体各部分的泵。血液里含有人们生存所需的氧，这些氧是通过肺进入我们的身体的。

被称为动脉的血管将血液从心脏输送出去。动脉连接着的细小血管称为毛细血管，它们又连接着身体每一部分的细胞。一旦身体的细胞吸收了它们所需的氧，血液就会通过静脉血管返回到心脏。

当心脏跳动时，心脏瓣膜起着阀门的作用，开启或关闭以控制血流方向。你说，心脏是不是很神奇呀？

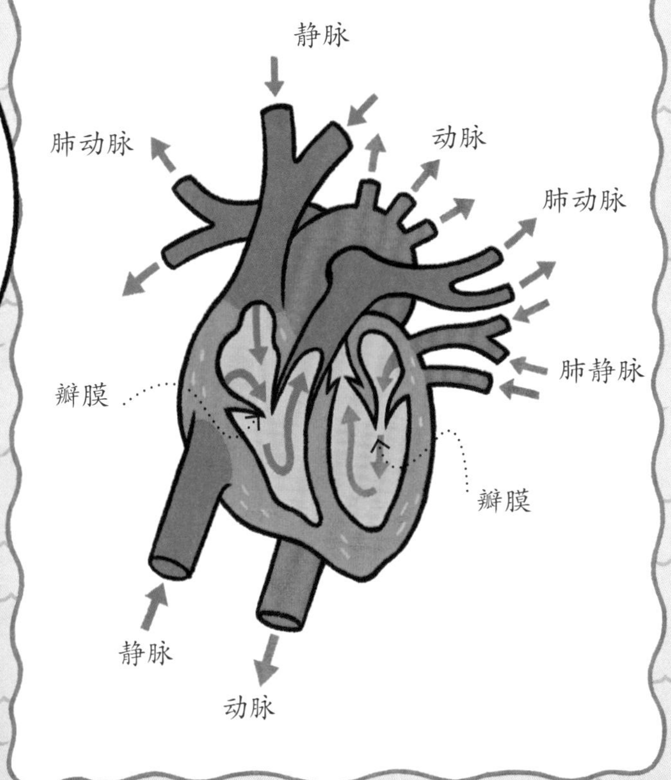

阿基米德

锡拉库萨的阿基米德（前 287—前 212）是希腊数学家和发明家。他发明的阿基米德螺旋泵可以通过圆筒内的螺旋杆将水从低处引到高处。

推起你的小车来

如果让技术专家们来搬运重物，他们会怎么做呢？毫无疑问，他们一定会想方设法使搬运变得更轻松一些。你会吗？

动手做实验

制作手推车

手推车看似简单，背后却藏着许多科学技术。我们一起去探索吧！

你需要准备：

- √ 一名成人助手
- √ 一个小的敞口纸盒——大约10厘米×10厘米大小。
- √ 一个重物（可以用家居用品）
- √ 两根木签子或吸管（要比盒子的宽度长）
- √ 两根牙签
- √ 包装胶带
- √ 剪刀
- √ 瓦楞纸
- √ 一个小的圆形物体，如塑料瓶盖

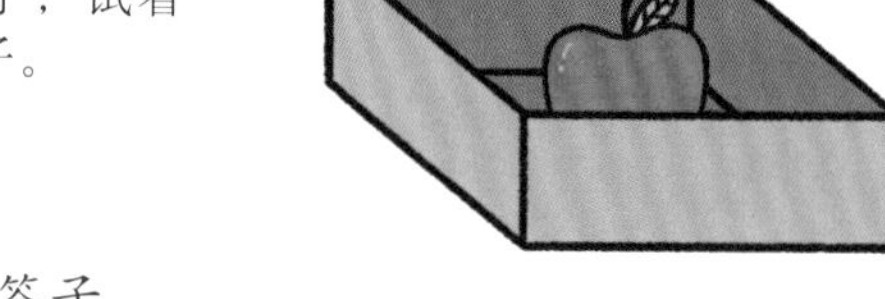

1 将重物放入盒子，试着在地上推拉盒子。

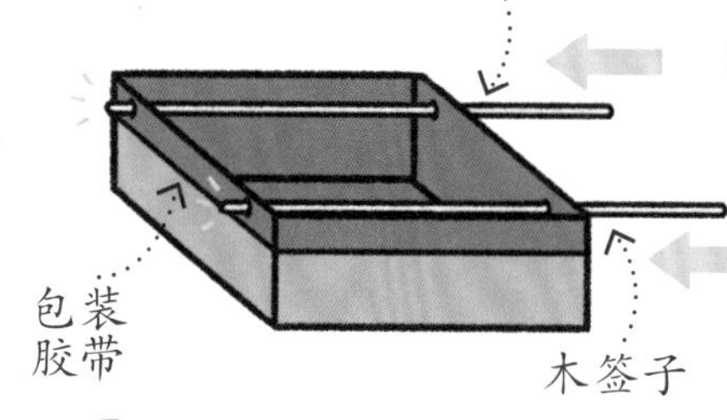

2 取出重物，用胶带将盒子四周缠一圈。用两根木签子从盒子两边穿过，剪掉木签子的尖头。

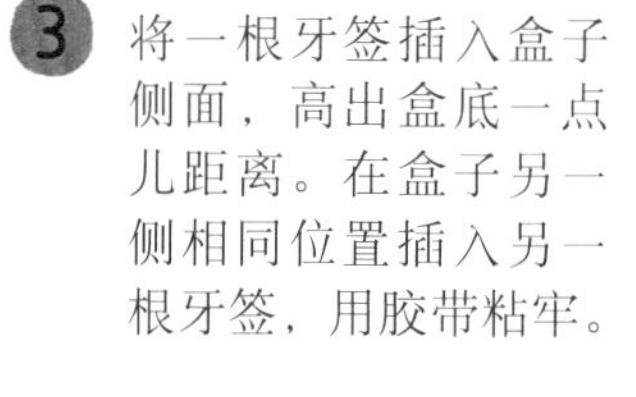

3 将一根牙签插入盒子侧面，高出盒底一点儿距离。在盒子另一侧相同位置插入另一根牙签，用胶带粘牢。

4 将圆形物体放到瓦楞纸上，沿边画出两个圆的轮廓，剪下，这就是轮子。记住，轮子中心到边缘的距离要等于牙签到地面的距离。将牙签从轮子中央插入。

5 把第一步中的重物放入盒子，抬起木签子头较长的一端。推动你的小推车吧！

警告！小心刀刃！

为什么会这样？

一辆手推车有两个杠杆，支点就是车轮的轴（见第10页）。当你抬高车把手时，会在车斗处产生一个更大的力将重物抬起。凭借轮子来推动重物要比没有轮子更容易，因为这样摩擦力更小。摩擦力就是两个相互摩擦的表面受到的阻碍相对运动的力。然而，轮子向前滚动还是需要一定摩擦力的——你可能会发现小推车在粗糙的地面上比在光滑的地面上推起来更容易。

探索加油站

自行车的工作原理

像手推车一样，自行车结合了轮轴和杠杆，使运动变得更轻松。自行车由踏板来提供动力，由齿轮来控制力量。齿轮可以改变轮子转动的速度和力量。

自行车上的齿轮通过链条与踏板相连。你可以在小齿圈和大齿圈之间转换，无论是上坡还是下坡都可以保持匀速。

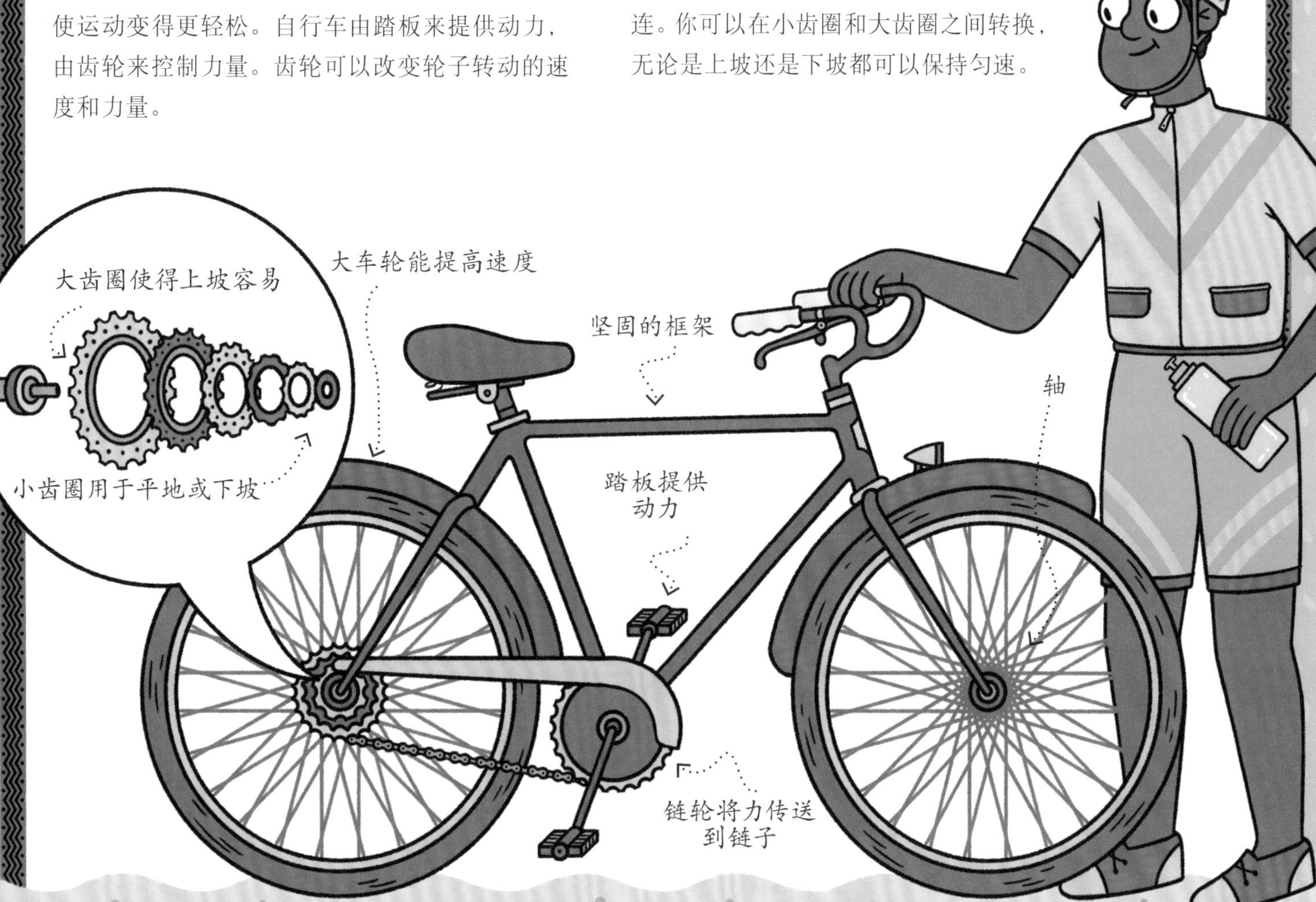

开足马力

如果你是一名技术专家，一定不会满足于脚踏自行车的速度。快还不够，你想要的是更快，不是吗？那就给轮子安上一台发动机吧。来，我们兜风去！

探索开始啦

机动车的工作原理

如果你想要制造一辆机动车，首先需要制造一台动力足够强大的发动机来驱动车辆。发动机重量要足够轻，不能影响速度，还得自带燃料，燃料也不能太重。还有，它必须是安全的。

火车和汽车

比较项目	火车	汽车
车轮	许多	通常四个
运行	火车运行在轨道上。火车车轮与轨道之间的摩擦有助于火车的行驶和操控。	汽车主要运行在公路上。就像火车车轮一样，汽车轮胎与道路之间的摩擦有助于汽车保持平稳行驶。
动力	火车以柴油或蒸汽为动力，现在多利用轨道上或火车上方电网的电力。	汽车使用汽油、乙醇或柴油发动机达，有时会使用电动发动机。
转向	火车没有方向盘——车轮沿着轨道路线行驶，火车行驶由调度中心控制。	汽车有一整套复杂的转向系统。
坡度	火车无法爬陡坡。	有些汽车能爬的坡度大于右图所示的35度。
载重	火车可以装载数百吨的货物。一吨相当于一辆小型汽车的重量。	偶尔会使用两个发动机来增加动力，少数小型汽车载重量能超过400千克。

你知道吗?

蒸汽汽车

一些早期的汽车是由蒸汽机驱动的，操纵起来并不容易——它们需要大量的水，并且燃烧的是像煤那样的固体燃料。蒸汽机对于像火车那样又大又重的交通工具还算适合，但对汽车来说就不够理想了。

动手做实验

驾驶训练

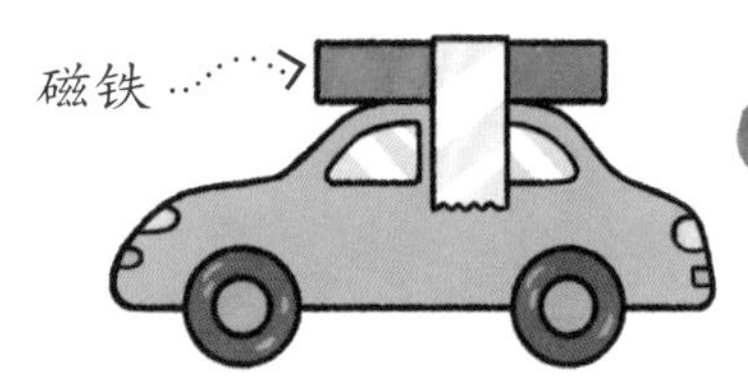

1. 将一块磁铁粘到玩具汽车的顶部。

无须触碰就能开动汽车，就像变魔术一样。你准备好了吗?

2. 将纸胶带粘到地板上当作跑道，你也可以再加上一两个障碍物。

你需要准备：

- √ 一辆小的玩具汽车
- √ 两块条形的强力磁铁
- √ 纸胶带
- √ 光滑的塑料胶带

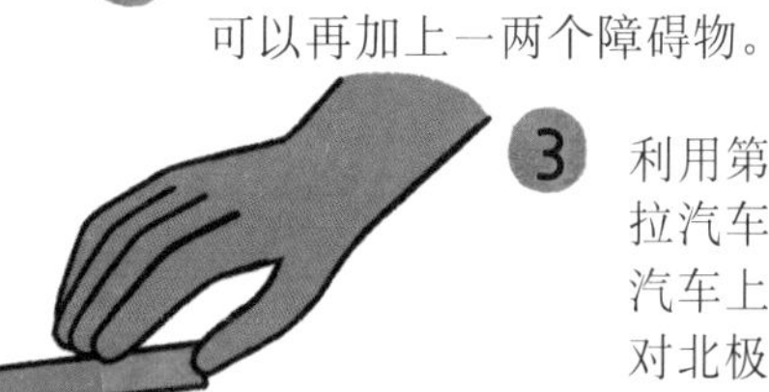

3. 利用第二块磁铁在跑道上推拉汽车。将第二块磁铁放在汽车上的磁铁后面，使北极对北极，或南极对南极。磁铁相互排斥，汽车便行驶了起来。在光滑的塑料胶带跑道上再试一次。

为什么会这样?

跟真正的汽车不同，你的玩具汽车的动力来自两块磁铁的磁力。但是跟真正的汽车相同的是，玩具汽车行驶也需要车轮和路面之间的摩擦力，这样车轮才能转动。纸胶带比塑料胶带粗糙，摩擦力更大。在其他表面上再实验一下，看看玩具汽车在哪一种表面上移动得更轻松。

小船浮起来

轮船能够浮在水面上，这真是太神奇了！可是，它是怎样浮起来的呢？帆船在没有发动机的情况下又是怎样在水面上航行的呢？浪花飞溅，哗哗响！我们潜下水去一探究竟吧！

探索开始啦

浮力

当你把一个物体放入水中时，重力（使物体落向地面的力）将它向下拉，但是水却将它向上推，这个推力就叫浮力。如果物体的重力小于它完全浸没在水面下方时所排开的水的重力，浮力就能使物体浮在水面。

你知道吗?

超级潜水艇

潜水艇既能浮在水面，也能潜入海底。这是因为艇里有水舱。当水舱注满水时，艇身变重，便潜入海中。当水舱里的水排空并注满空气时，艇身则变得比等体积的水轻，潜水艇便浮出水面。

动手做实验

制作帆船模型

你需要准备：

- √ 一名成人助手
- √ 一个塑料瓶
- √ 一块聚苯乙烯泡沫板（跟瓶子一样宽）
- √ 一根木签子或塑料吸管
- √ 剪刀
- √ 纸
- √ 包装胶带
- √ 普通胶带
- √ 卡片
- √ 三枚小硬币
- √ 蓝丁胶

警告！小心边缘锋利！

1 请你的助手将塑料瓶中间部分剪掉，切口边缘粘上胶带，以防割伤。

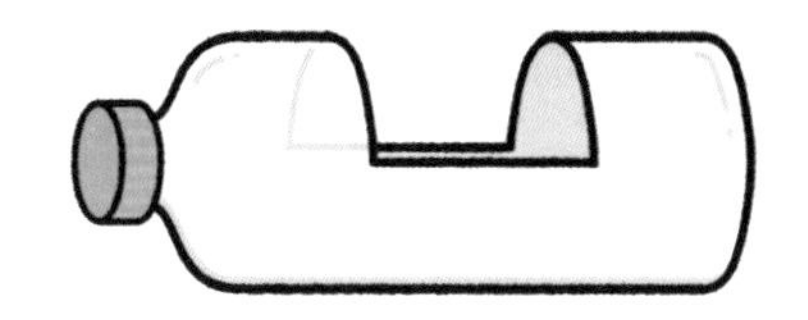

2 确保瓶盖拧紧。可以粘上蓝丁胶，使其密封。

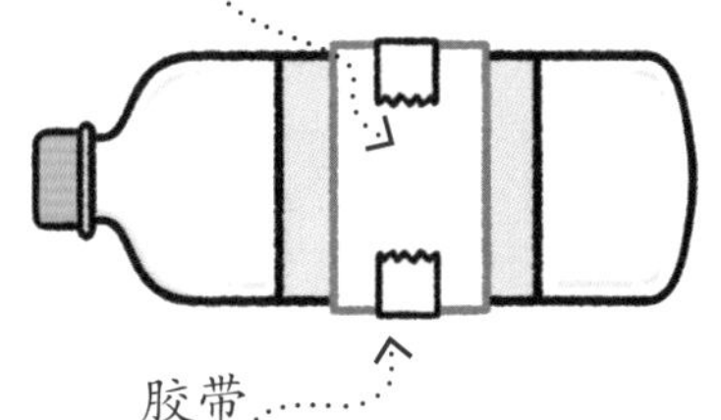

3 将聚苯乙烯泡沫板放在船中央，用胶带粘牢。

4 将纸剪成三角形，把木签子或吸管放在中央，用胶带粘好。折叠三角形将其包住，用胶带粘住两边。风帆便做好了。

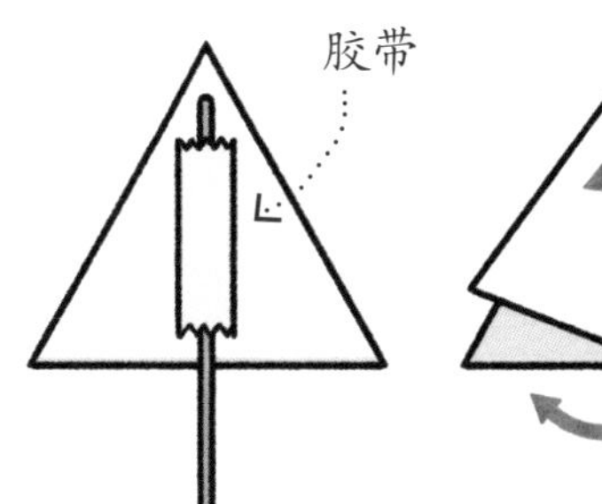

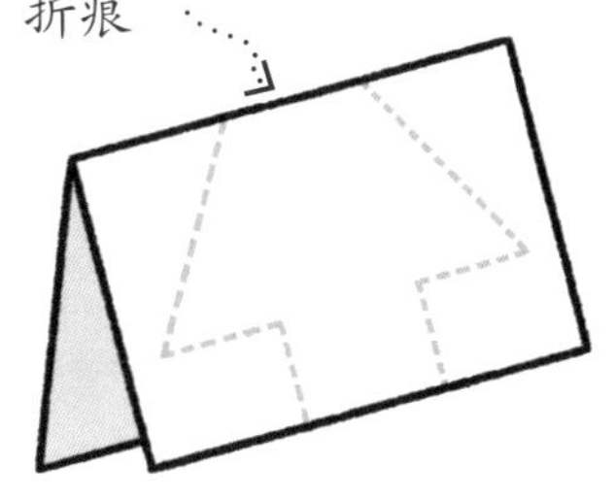

5 将卡片对折，在卡片上画出左图那样的形状，沿线剪下（两层都要剪）。

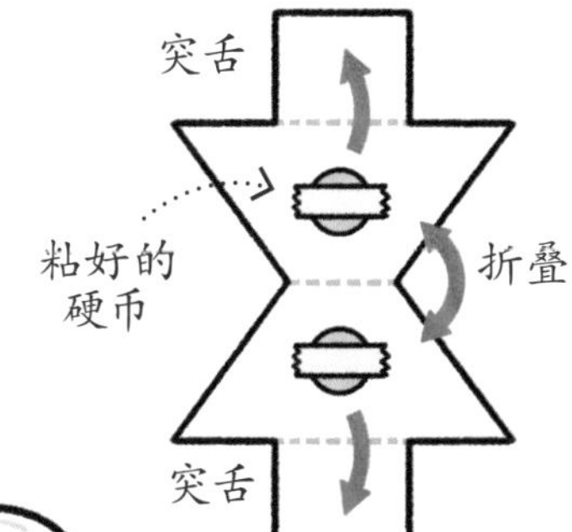

6 展开卡片，两边各粘上一枚硬币，合起卡片，粘在一起。这就是使船保持平稳的龙骨。将突舌朝外折叠。

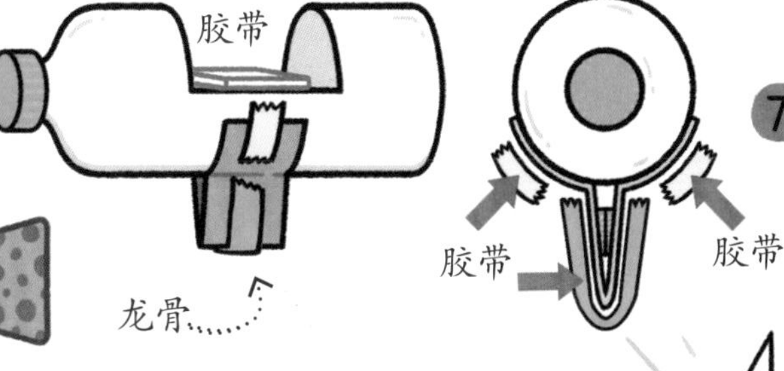

7 将龙骨的突舌粘到船的底部，用包装胶带将龙骨底部再裹一下，让它更防水。

8 把帆的桅杆插入聚苯乙烯泡沫板中。准备一个盛大的启航仪式吧！何不放上一些“货物”来试一试它的浮力呢？

为什么会这样？

船受到浮力，浮在水面上啦！朝风帆吹几口气，像真正的帆船那样，桅杆和风帆会将吹来的风转化成水上行驶的动力。转动风帆的角度再试验一下，或者设计一个不同形状的风帆，你甚至还可以做一艘双体船（有两个船体的船）。

乘风破浪

怎么啦？没有风，船动不了啦？没关系，小小技术专家们，我们寻找一种新的动力吧！除了风之外，船还可以使用桨或发动机推动的螺旋桨来驱动。

探索加油站

第一艘船

早期的船都是靠风帆或桨推动的。船桨划动时，将水推向后方，水反过来推动船向前行驶。在早期的帆船上，风帆挡住了风，船便以接近风速的速度行驶。艾萨克·牛顿的第三运动定律对此做出了解释……

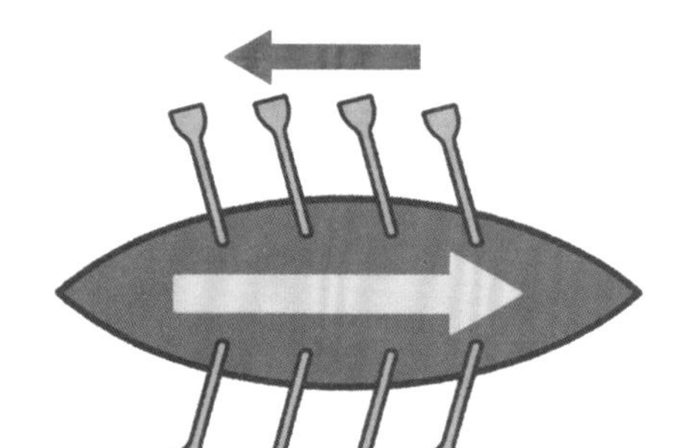

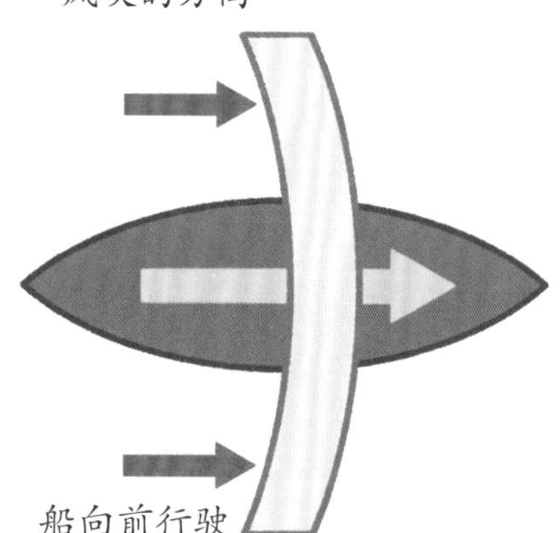

探索开始啦

牛顿第三运动定律

牛顿第三运动定律是这样阐释的：两个物体之间的作用力和反作用力总是在一条直线上，大小相同，方向相反。这种现象在我们周围随处可见。当你站起来或坐下时，身体给了地板或椅子向下的压力，如果椅子或地板没有相等的反作用力的话，你可能会坐穿椅子或钻进地板！

牛顿

艾萨克·牛顿（1643—1727）是英国物理学家，运动定律以及地心引力都是他的重大发现。

动手做实验

制作喷气快艇

下面这个有趣的实验将告诉你喷气式快艇是如何工作的。

你需要准备：

- √ 一名成人助手
- √ 一个带盖的500毫升塑料水瓶
- √ 一汤匙小苏打
- √ 醋
- √ 吸管
- √ 金属签子或剪刀
- √ 蓝丁胶
- √ 小漏斗

警告！
工具锋利！

1 请你的助手帮忙用签子或剪刀在塑料瓶盖上钻一个洞。

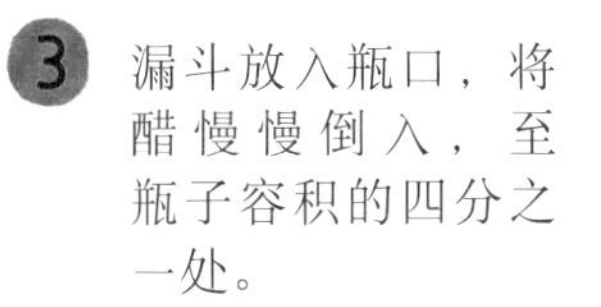

2 把吸管剪成两段。将一段插入瓶盖上的洞里，用蓝丁胶或黏土将缝隙封住。

3 漏斗放入瓶口，将醋慢慢倒入，至瓶子容积的四分之一处。

4 站在浴盆或一个盛满水的大容器旁，通过漏斗向瓶子里倒入小苏打。

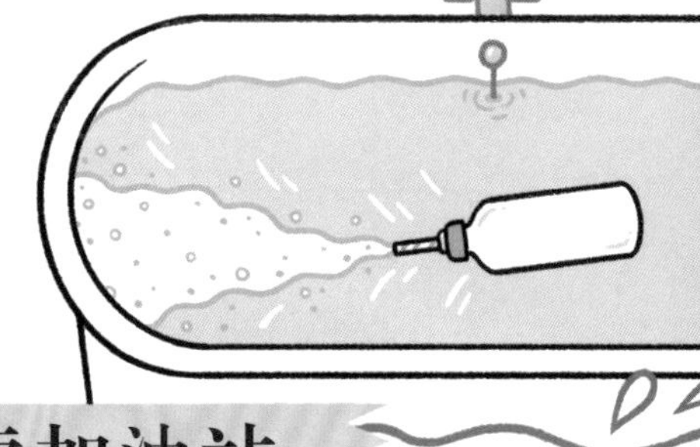

5 马上拧上瓶盖，将瓶子放入水中。

6 后退，观看！

为什么会这样？

醋和小苏打发生反应，产生了二氧化碳气体。一部分气体通过吸管冲入水中，水被向后吹动，船则向前移动，与气体吹出的方向正好相反。对，这又是牛顿第三运动定律在发挥作用！

探索加油站

船用螺旋桨的工作原理

大部分船只的行驶，靠的是发动机带动螺旋桨旋转产生的牵引力。工作原理如下：

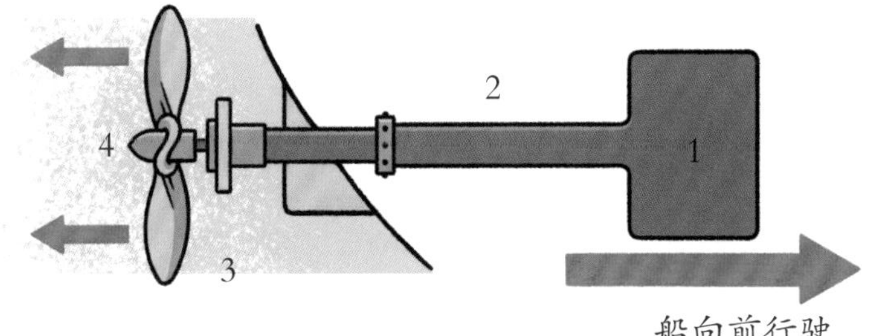

1. 发动机带动螺旋桨轴转动。
2. 螺旋桨轴
3. 螺旋桨转动，有一定倾角的叶片将水向后推动。
4. 船向前行驶。又是牛顿第三定律：向后推水的力产生了大小相同的反方向的力！

大胆翱翔

对痴迷高空飞行的技术迷们来说，天空还是不够高！可是，飞机是如何在空中飞行的呢？如何起飞和降落呢？我们去找答案吧！

动手做实验

纸飞机，快飞吧！

你的第一个挑战是做一架纸滑翔机，并让它飞上天。

你需要准备：

- √ 一张厚一点儿的长方形纸或卡片
- √ 一把尺子
- √ 胶带
- √ 剪刀
- √ 一个回形针

1. 沿着右图所示的 A 线对折纸或卡片。每次折叠后用尺子在上面划一下，确保折痕清晰。

A

折叠

折叠

2. 在纸的长边的八分之一处向上折叠。

折叠

3. 将折叠部分再对折一下。

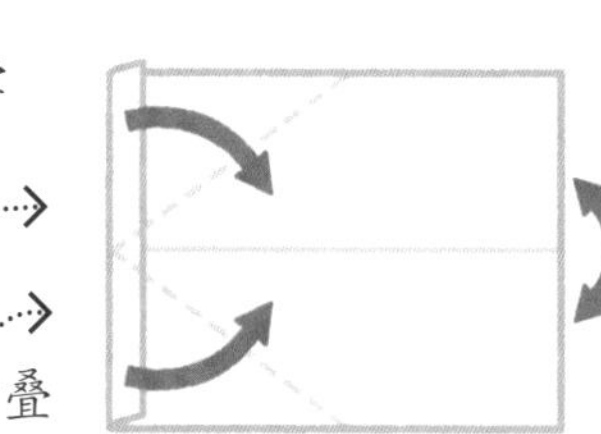

4. 像左图那样，将两角向内折到中间。

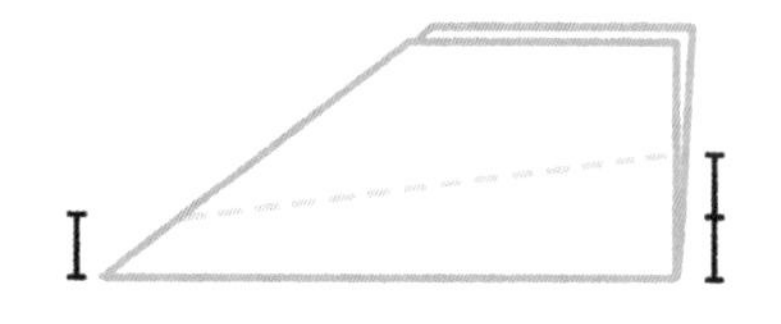

5. 沿中线对折，然后将两边机翼向下折——折叠角度见右图。

6. 将两个机翼粘在一起。两个机翼后部各剪两个 0.5 厘米长的切口，将两个切口之间的部分轻轻向上折起——这是升降副翼。

7. 用回形针夹住飞机机头。将两个机翼前缘稍微向下压一下。

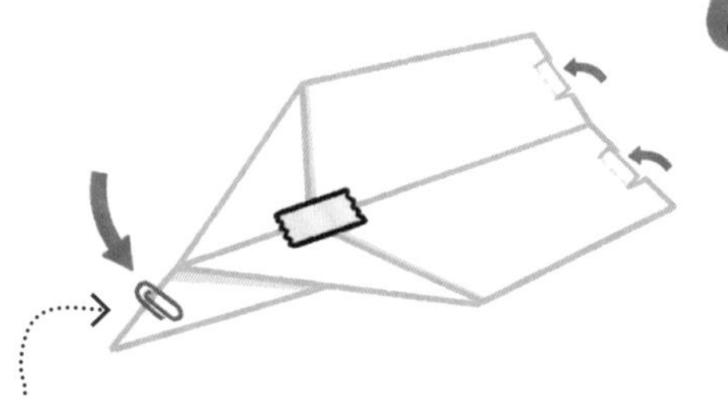

8. 测试时间到了！将机头微微上扬，掷出去吧！

为什么会这样？

你投掷的力量推动飞机向前飞行，流线型的机身将空气阻力降至最低，向上折起的升降副翼有助于抬起机头。试一试向下折叠升降副翼，看飞机将会如何飞行。

升降副翼

探索加油站

飞机是如何飞起来的？

飞机或滑翔机能够飞行，是因为它的机翼的形状使得机翼上方的空气比下方的空气流动得快，于是，机翼上方气压低，下方气压高，气压差便产生了一种叫作升力的力，使飞机保持在空中。发动机驱动的螺旋桨使得飞机向前飞行。

影响飞行的力

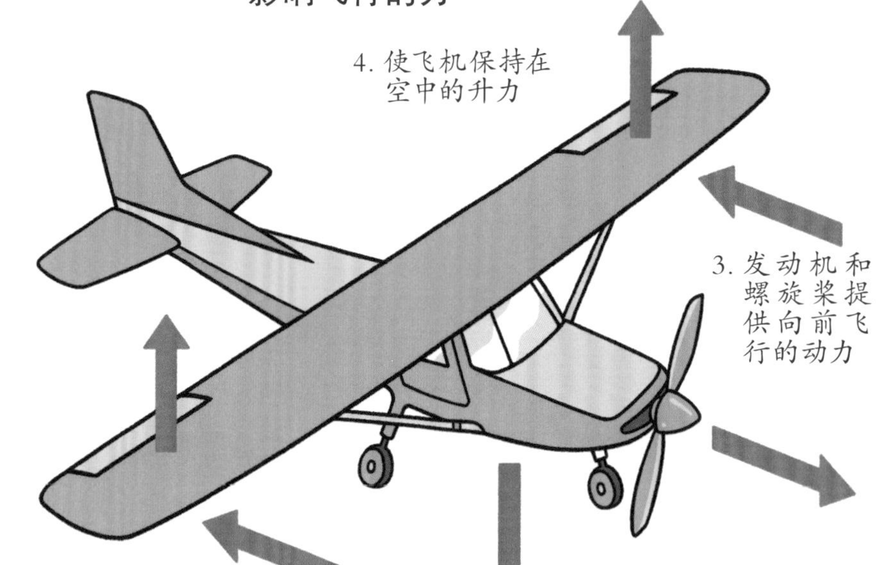

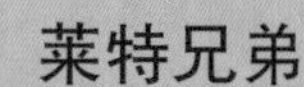

莱特兄弟

奥维尔·莱特（1871—1948）和威尔伯·莱特（1867—1912）是美国的发明家，他们在1903年制造并成功试飞了第一架动力飞机。他们对飞机的每一个部件都进行测试后，先以滑翔形式初次试飞，继而使用发动机和螺旋桨作为动力来源试飞，获得巨大成功。

跳跃的喷气动力

螺旋桨飞机的速度已经足够快了，但依然满足不了军用飞机和太空探测的需要。它们需要的是更快，快上加快！喷气动力助推的飞机速度如何呢？系好安全带，出发！

动手做实验1

三秒钟实验

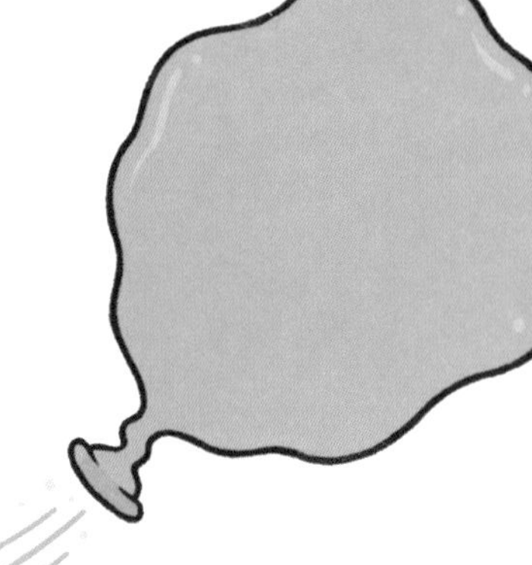

欢迎来到本书最快也最有趣的一个实验。你需要准备的材料就是一个气球——还有一副强大的肺！

你需要准备：

- √ 一个气球
- √ 你自己

为什么会这样？

牛顿第三运动定律在这里又扮演了重要角色！当你松手时，气球喷出的气流产生了一个反作用力，推动气球向前运动。喷气或发动机带动飞机飞行，靠的也是这个原理。

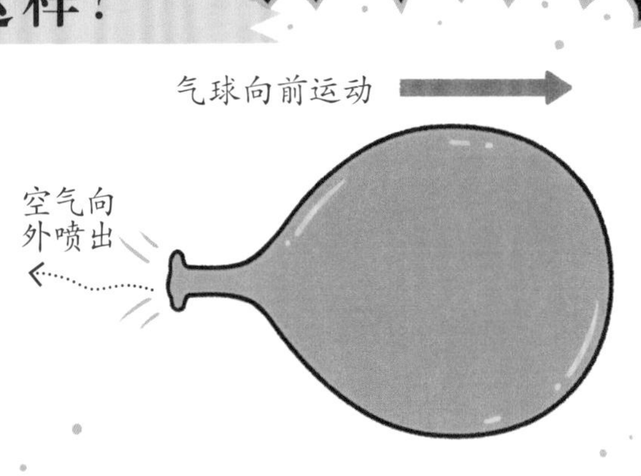

探索加油站

喷气发动机的工作原理

大多数的现代飞机都是由喷气发动机驱动的。喷气发动机燃烧液体燃料，产生一个强大的向前的推力。

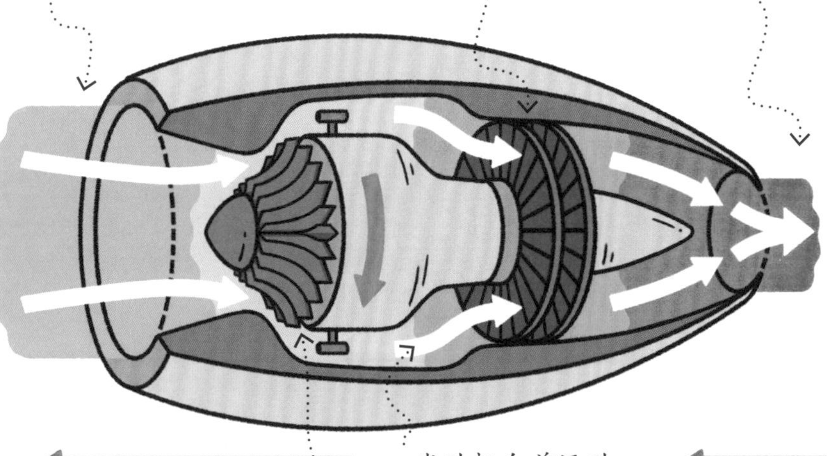

你知道吗?

超声速飞机

史上最快的有人驾驶喷气式飞机是美国的X-15，它的速度是声速的六倍——时速7200千米，五个半小时左右就可以绕地球飞行一圈。

动手做实验2

兜风

我们看一看喷气式动力有什么功能吧!

你需要准备:

- √ 一根可弯曲的吸管
- √ 一支带橡皮头的铅笔
- √ 一根大头针
- √ 一个气球
- √ 胶带
- √ 一把剪刀

1. 将吸管折成直角。

2. 轻吹几下气球，使其微微鼓起，然后粘到吸管口上。

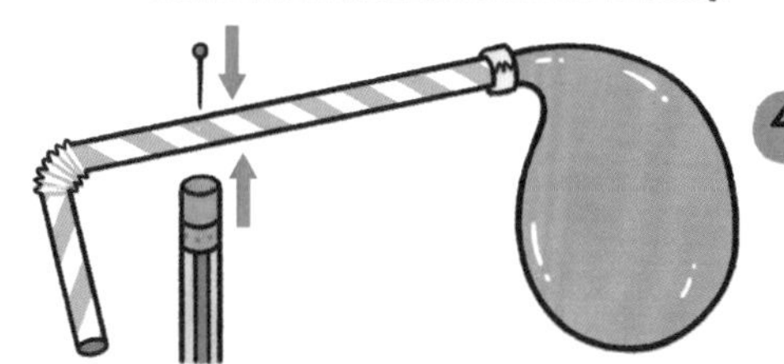

3. 用大头针把吸管扎到橡皮上。为了平衡气球重量，大头针要稍微靠近弯折部分。将大头针牢固地扎进橡皮里。

4. 通过吸管向气球吹气。牢牢握紧铅笔，移开嘴巴!

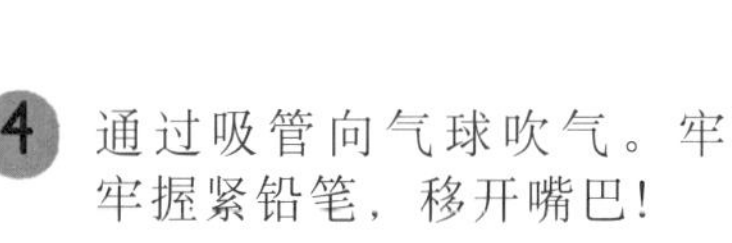

为什么会这样?

气球会嗖嗖响着转圈。喷气发动机紧紧地固定在机翼或机身上，确保动力指向飞行方向。

强大的微生物

除了机器之外，技术还涵盖其他领域。生物技术是一种利用生物来发明新事物的技术。听起来不可思议，因为生物技术就是这么不可思议！

探索开始啦

生物技术

生物技术并不是一门新兴技术——好几个世纪以来，人类就在饲养家畜，种植植物，烘焙面包。做面包时，人们将一种叫作酵母的微生物（微小的生物）添加到面粉里。酵母分解面粉中的糖，会产生二氧化碳气体，烘焙时就使得面包膨胀了起来。

几千年前，古代亚述人和古埃及人在烤面包时就已经使用酵母了。

动手做实验

风味酸奶

酸奶制作是一种传统的生物技术，依靠的是菌类微生物，啧啧啧——美味技术哟！

你需要准备：

- √ 一名成人助手
- √ 一个碗
- √ 一块干净的布
- √ 一个汤匙
- √ 一口平底锅
- √ 一支烹调温度计
- √ 一个量杯
- √ 500毫升牛奶
- √ 四汤匙新鲜的活菌酸奶
- √ 一个炉子

警告！
热锅烫手！

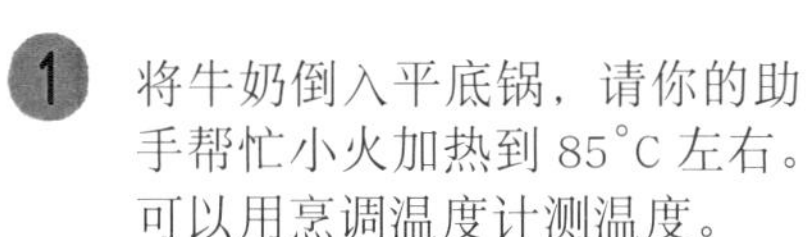

1 将牛奶倒入平底锅，请你的助手帮忙小火加热到85°C左右。可以用烹调温度计测温度。

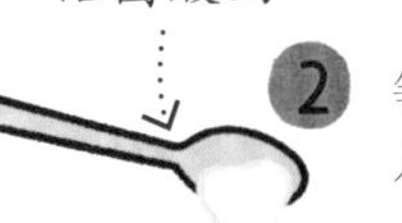

2 等牛奶冷却至45°C，加入新鲜的活菌酸奶搅拌。

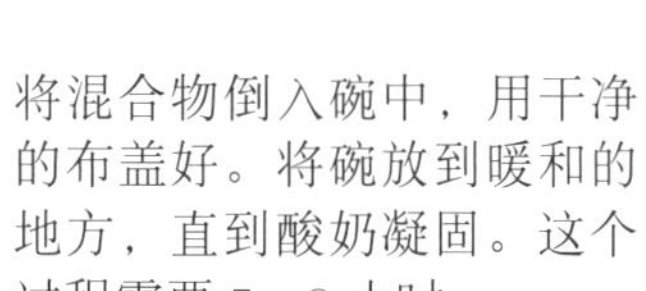

3 将混合物倒入碗中，用干净的布盖好。将碗放到暖和的地方，直到酸奶凝固。这个过程需要5—8小时。

4 品尝一下吧！记得酸奶要存放在冰箱里。

为什么会这样？

牛奶中含有蛋白质分子，受热时，液体中卷曲的蛋白质分子结构被分解，这意味着牛奶在冷却时会凝结。酸奶中含有两种菌类，它们将牛奶中的糖分分解成乳酸，这使得酸奶具有了独特的、略显刺激的味道，所以很多人会用水果或蜂蜜来增甜。

探索开始啦

基因及基因工程

生物是由称为细胞的微小结构组成的。细胞中含有一种叫作脱氧核糖核酸的化合物，简称DNA。DNA 里含有成对的更小的分子，称为碱基对。

碱基对的序列是一串指令代码，决定了细胞的行为。一段为特定特征（如眼睛虹膜的颜色）而编码的 DNA，称为基因。技术专家通过改变这段代码来改变其功能，就叫作基因工程。为了使农作物抵抗由昆虫引起的疾病而改变农作物的DNA，就是基因工程的一个例子。

趣味谜题

寻找基因编码

下面谜题中的两串代码是妈妈和爸爸的 DNA。如果两串代码中都有 TAAT，他们的宝宝将会有蓝色的眼睛。如果一串或两串代码中有 CGGC，他们的宝宝将会有棕色的眼睛。判断一下，宝宝会有什么颜色的眼睛呢？

妈妈：ATCGTAGCATTACGCGGCGCGCATATACGCG

爸爸：GCCGCGATTACGGCATATTATAGCGCCGTATA

（答案见书后）

生根发芽

或许你会觉得农业跟机械、计算机或机器人这些技术工具没有关系——可是，先别轻易下结论，农业同样使用技术！我们来领略一下绿色种植专家的风采吧！

探索开始啦

农业技术

远古时代，人们无意中撒下的一粒种子带来了人类自己种植的蔬菜，人类就这样开始了农作物的种植。种植植物或饲养家畜过程中使用的所有发明，包括工具、机器、容器、水利系统、收割和储存粮食的方法、饲养方法等，都是技术。

最早的一些农作物，有些至今还在种植。

你知道吗?

古往今来……

1. 公元前 9500 年左右，世界上许多地区开始种植农作物。不久之后，人们开始饲养牲畜，修建水渠灌溉庄稼。

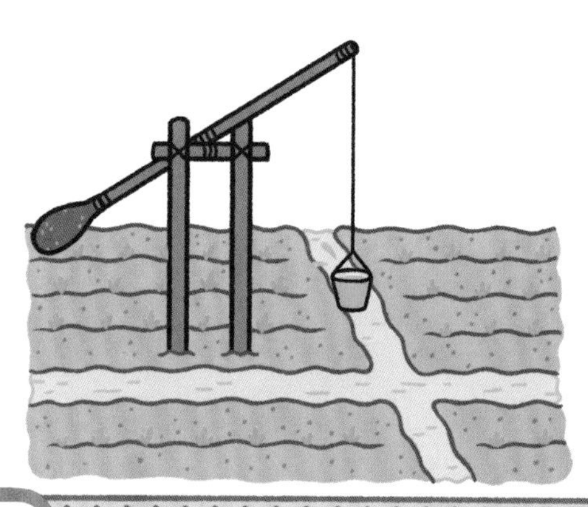

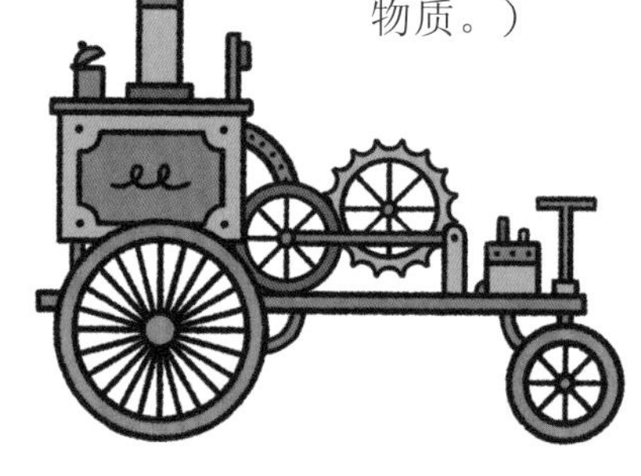

2. 19 世纪之前，农业依靠的是人力和畜力。之后，蒸汽和汽油驱动的机器开始普及。汽油拖拉机是在 1901 年发明的。

3. 在 20 世纪初，德国科学家发现了如何利用空气中的氮和氢来制造氮肥。（肥料是使土壤更加肥沃的物质。）

探索加油站

水培种植的工作原理

信不信由你，对植物来说，土壤并不是必需的！它们需要的仅仅是水分和矿物质，以及对根的支撑和固定。水培种植是一种无土栽培技术，这种技术可以很容易地控制和监测浇水及施肥情况，获得最好的收成。

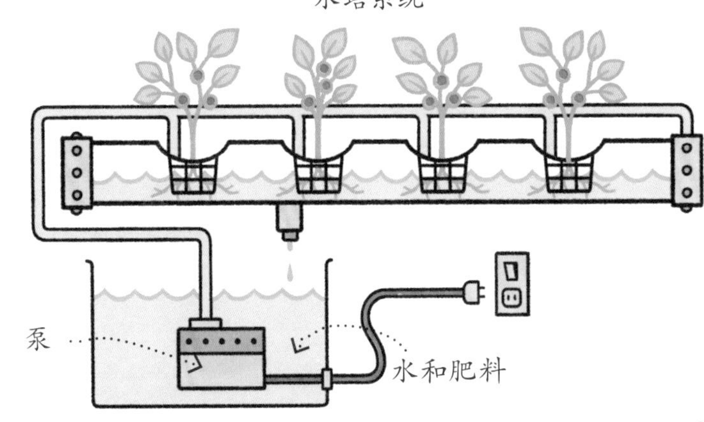

动手做实验

蔬菜中的科学

我们用科学种植技术——水培技术来种菜吧！

你需要准备：

- √ 一名成人助手
- √ 肥料
- √ 有机棉球
- √ 豆瓣菜种子
- √ 一个2升、带盖的干净塑料瓶
- √ 一把剪刀
- √ 宽胶带

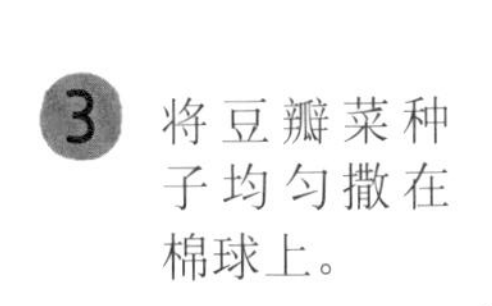

1. 请你的助手帮忙把瓶子从中间剪开。
2. 下半部分瓶子里装上湿润但不完全浸透的棉球。

棉球

3. 将豆瓣菜种子均匀撒在棉球上。

豆瓣菜种子

4. 把瓶子上半部分用胶带粘到下半部分上，不要留缝隙。

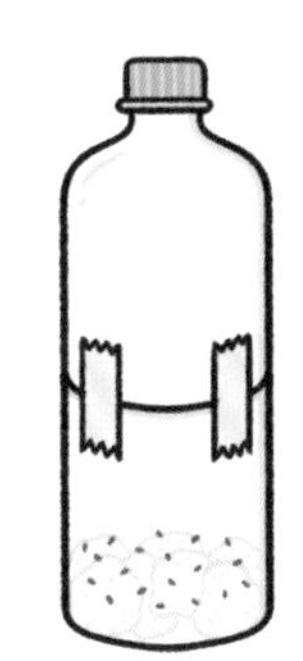

5. 将瓶子放置一两天。如果棉球看起来太湿，开盖通风一两个小时；如果太干的话，则滴几滴含有肥料的水。

为什么会这样？

24—48 小时

5—7 天

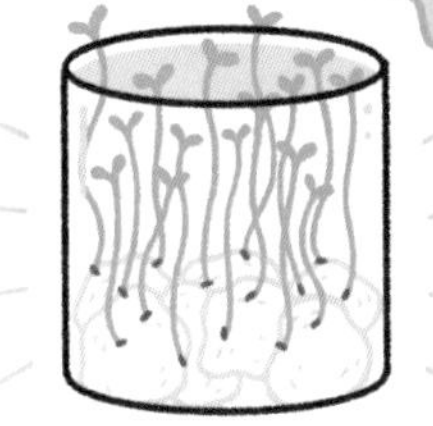

豆瓣菜种子一般在24—48小时之内发芽，5—7天之后可长到5厘米高，你就可以准备采收了。豆瓣菜可以单独烹调，也可配上鸡蛋沙拉，美味可口。瓶子里没有土壤，湿度可以控制，就像一个真正的农业水培系统。

非凡的生物医学

一些科技小器具不仅看起来很酷，而且意义非凡——它们能够拯救生命！我们的生活离不开医学技术，所以，让我们来看看医学和技术的交集吧！

探索开始啦

医学技术是什么？

医学技术是通过研制仪器、产品或系统来诊断和治疗疾病的技术，它还包括药物和代替人体器官工作的植入物。

动手做实验

心脏咚咚跳

用这个简单的医疗器具，你就可以听到自己的心跳声，也可以听听朋友的心跳声哟！

你需要准备：

- √ 两个小漏斗，不要宽于6厘米
- √ 宽胶带或包装胶带
- √ 一把剪刀
- √ 塑料管
- √ 一个气球

1. 将塑料管的两头分别套在两个漏斗颈上（或将漏斗颈塞入塑料管）。

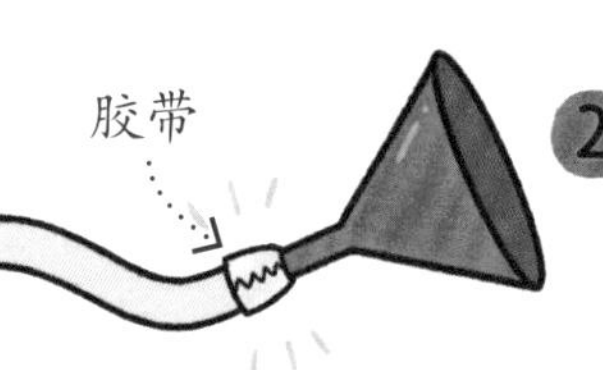

2. 用胶带将接缝处粘牢。

3. 将气球多吹大几次，使它变得松弛。将气球上部三分之一剪下，蒙在其中一个漏斗开口，拽紧，粘牢。

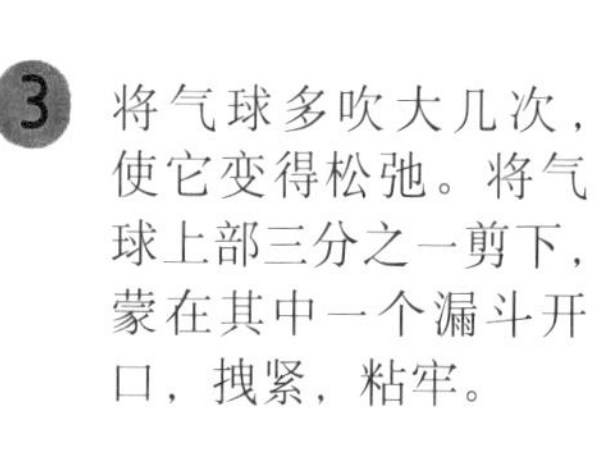

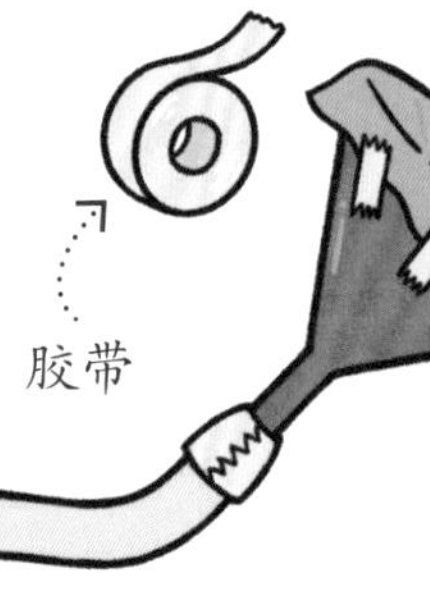

4. 将带气球膜的漏斗贴到胸口处，用另一端来听心跳声。

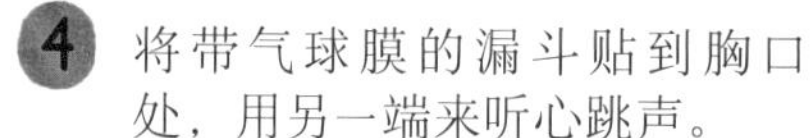

为什么会这样？

这是一个简单的听诊器，你可以听到自己的心脏在跳动（尽管声音有些微弱）。跟真正的听诊器一样，它也有一个收集声波的腔（薄膜及后面的空间），并将声音通过管子传到耳朵。看着秒表数一下你的心跳次数，先数 20 秒钟心脏跳动的次数，再乘以 3，得出 1 分钟的心跳数。出去跑上 1 分钟，然后再数一下心跳。有区别吗？

探索加油站

肾脏透析机的工作原理

我们的肾脏正常情况下能过滤血液中的代谢废物尿素。如果肾脏出了问题，医院就会使用肾脏透析机代替它完成这一重要的任务。在透析机里，透析液通过一层很薄的称为透析膜的材料，吸收病人血液中的尿素，透析液中还含有健康血液所需要的营养素。如果病人的血液中缺少营养素，这些营养素就会通过透析膜进入病人的血液。

强大的电力

没有空调，没有人工照明，没有电子玩具可以玩…… 没有电的生活简直无法想象！小小技术专家们，我们来看看电是如何工作的，看看如此重要的电能是如何传送到千家万户的吧！

探索开始啦

电

电是携带电荷的微小粒子运动所引起的一种现象。每个原子中都有被称为电子的粒子，它们携带负电荷（原子中还有一种称为质子的粒子，携带正电荷）。电子可以定向移动，产生电流。在发电站，可以通过各种方式生产出使电子移动的动力。以下步骤说明了电是如何最终输送到你的电子设备上的：

1. 发电站发电
2. 变电站将电压提高
3. 电缆塔传输高压电
4. 变电站将电压降低
5. 工厂、学校和医院使用大量的电
6. 本地的电力线路
7. 本地的变电站将电压降低以供家庭使用
8. 电力输送到家庭（及你的电子设备）

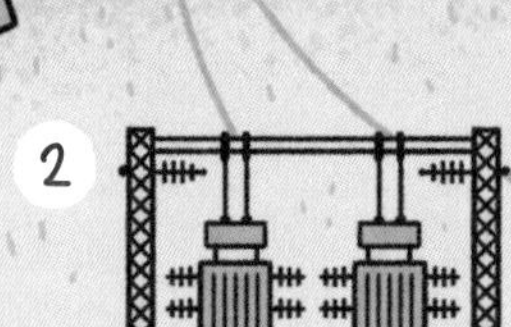

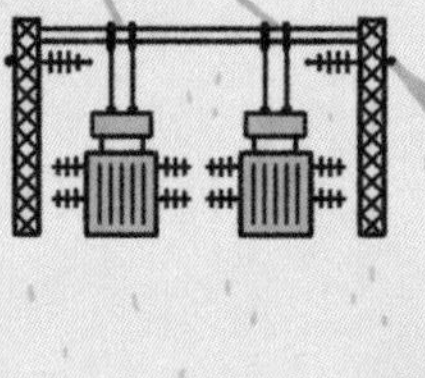

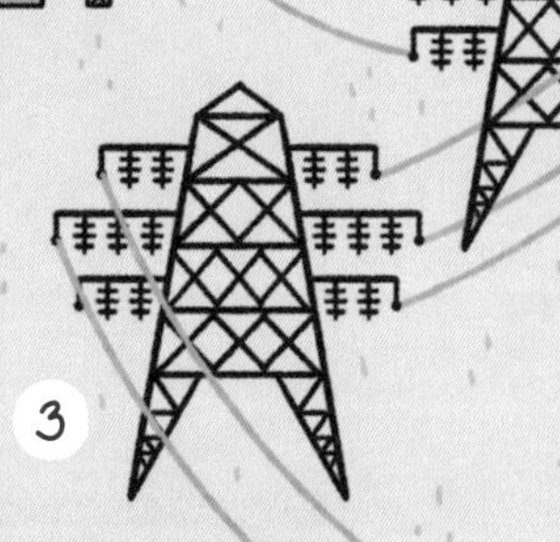

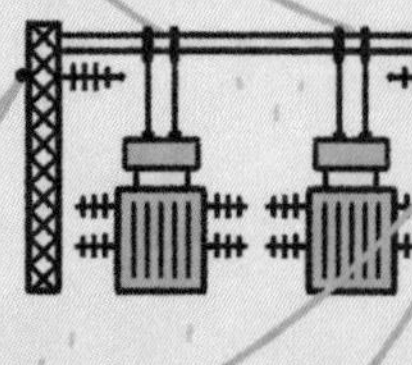

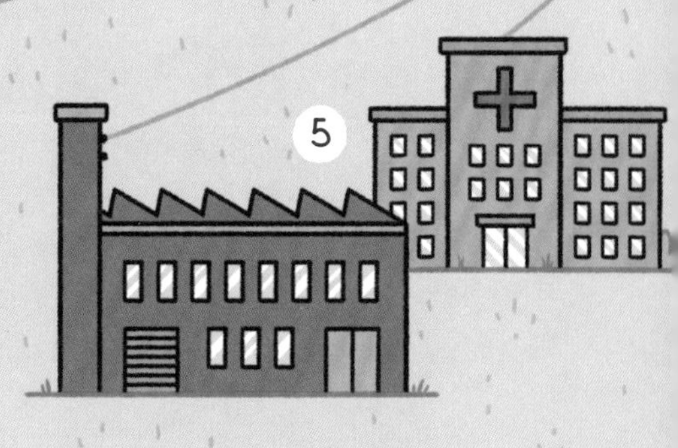

探索加油站

电是如何产生的?

在发电站，线圈在强力磁铁产生的磁场中旋转，产生电流。线圈的动能转化为电能（第 50 页有更多相关信息）。

你知道吗?

电池电源

电池也能产生电能。电池内部的化学反应会生成自由电子和一种力，这种力将电子从负极一端排斥出去。一种叫作电解液的化学物质使得电荷在电池内部移动，当电池连接到某个电路中时（见第 48 页），电子就会通过电路流向正极。

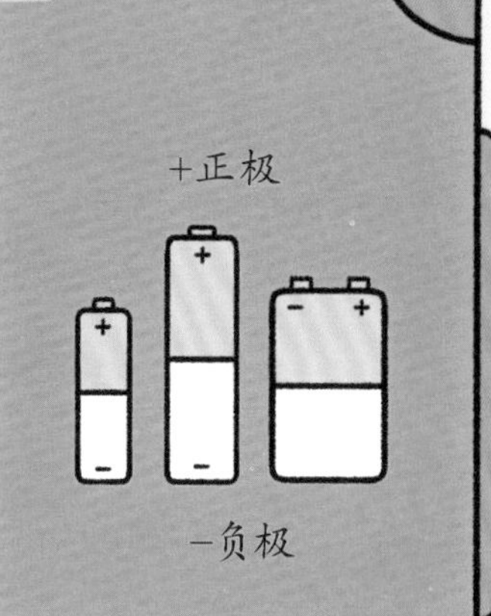

动手做实验

柠檬电池

你知道柠檬可以发电吗？没错，真的可以！

你需要准备：

- √ 一名成人助手
- √ 一把刀
- √ 三个柠檬
- √ 三根镀锌钉子
- √ 三枚铜硬币
- √ 带两根导线的电压表
- √ 两根20厘米长的塑料外皮铜导线
- √ 一把剥线钳
- √ 四个鳄鱼线夹

1 在桌子上滚压柠檬，使其变软多汁。

2 请你的助手用剥线钳把两根铜导线两头的塑料皮各剥去2.5 厘米。

警告！
刀刃边缘锋利！

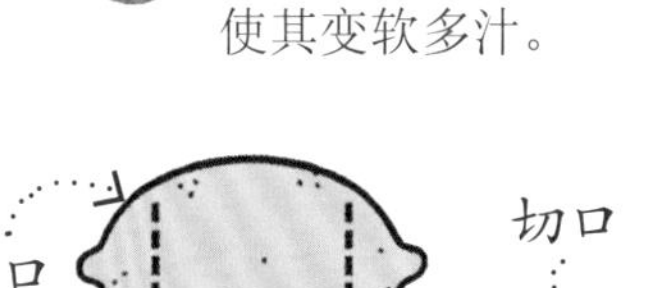

3 请你的助手用刀在每个柠檬上切两个小口，一个插硬币，一个插钉子。

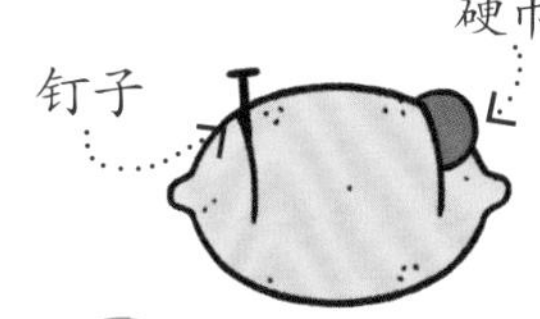

4 每个柠檬上都插入一根钉子和一枚硬币。

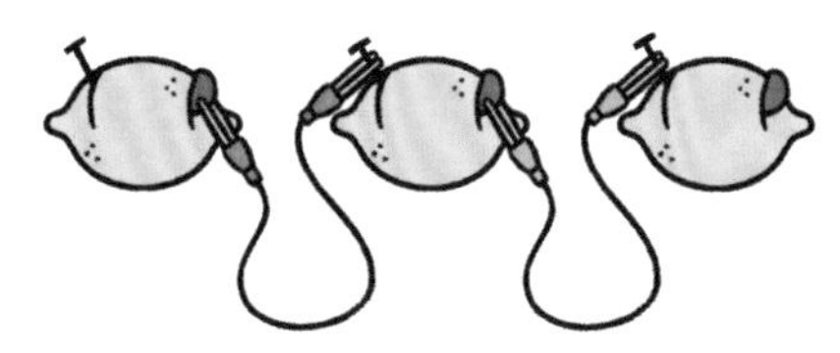

5 请你的助手帮忙将四个鳄鱼线夹连接在导线的四个末端，然后将导线连到柠檬上，每根导线一端连接钉子，一端连接硬币。

6 将电压表的两根导线分别连到剩下的硬币和钉子上。

为什么会这样?

柠檬汁充当了电解液，钉子和硬币就是电极。连上导线，电流就开始流动了。你可以用电压表测一下电压。你可以用其他水果或蔬菜试试，比如苹果、胡萝卜或土豆。

特斯拉

尼古拉·特斯拉（1856—1943)，物理学家和发明家。他发明并改进了交流电，使电走进了千家万户。

“发光”的点子

哇！家里有电啦！现在，我们来看看它都能做些什么吧。先把它连到电路中，是的，小小技术专家，我们可以控制电力设备中的电流。我们动手试一试吧！

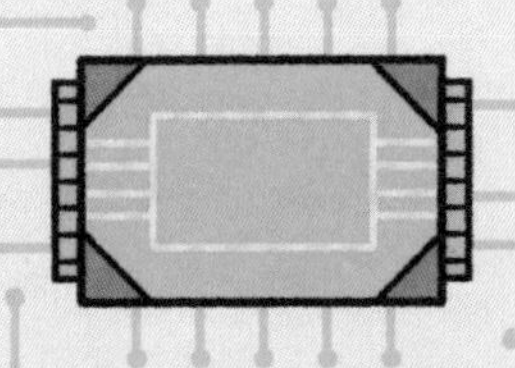

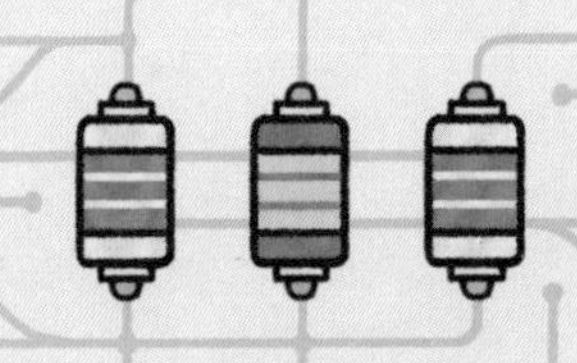

动手做实验

自建电路

使电可以在导线里流动，这便是电路的作用。我们研究一下吧！

你需要准备：

- √ 一名成人助手
- √ 一个小的2伏手电筒灯泡
- √ 两节5号电池
- √ 导线
- √ 胶带
- √ 剥线钳

1. 请你的助手将导线两端的塑料皮各剥去1厘米。

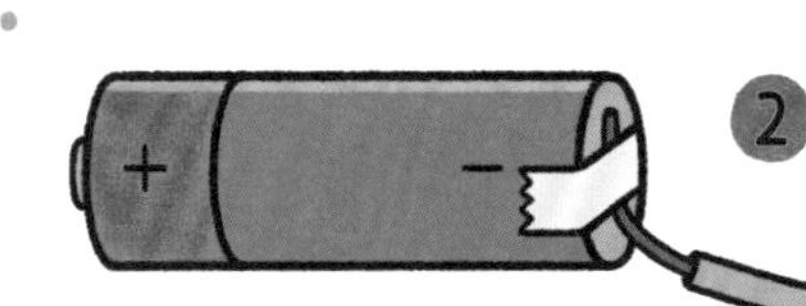

2. 将导线的一端粘到电池底部（负极一端）。

3. 将灯泡底部贴在电池正极一端，然后用导线另一端碰触灯泡的金属部分，灯泡会发光。

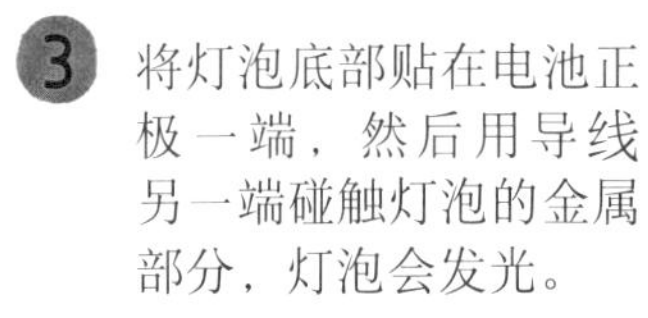

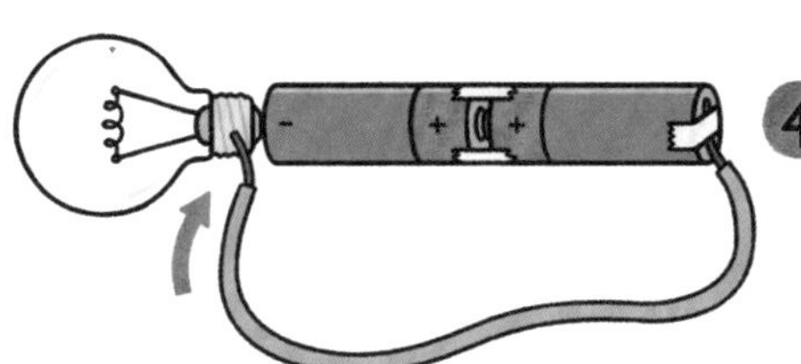

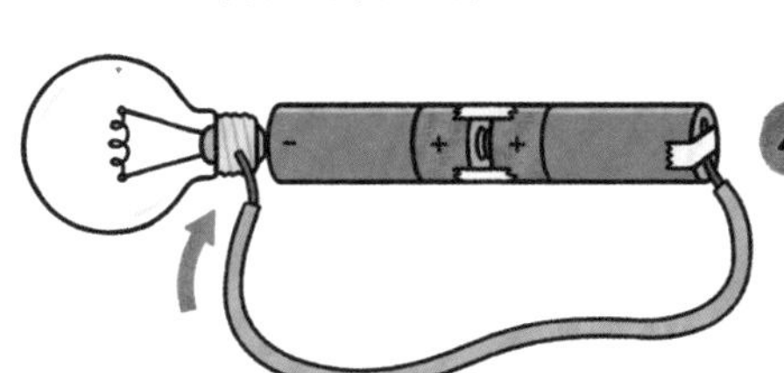

4. 现在用胶带将两节电池的正极粘在一起，将灯泡底部贴在前一节电池的负极一端，然后用导线另一端再次碰触金属部分。

5. 灯泡没亮！挑战时刻到了！第三步中灯泡亮了，想一想，第四步做何改动，才能使灯泡同样也亮起来呢？

为什么会这样?

电池、导线和灯泡形成了一个电流可以通过的电路。但是，电路中的电子只会从负极移动到正极，也就是电子从很多电子聚集的地方移动到缺少电子的地方。要想使电路正常工作，使灯泡亮起来，你必须将第二节电池的负极与第一节电池的正极连接起来。

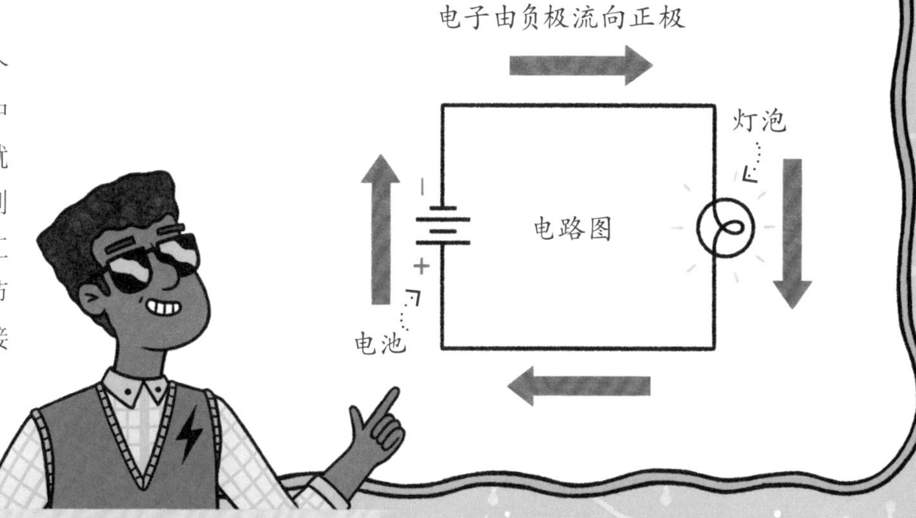

探索加油站

灯泡的工作原理

传统的灯泡是这样工作的:

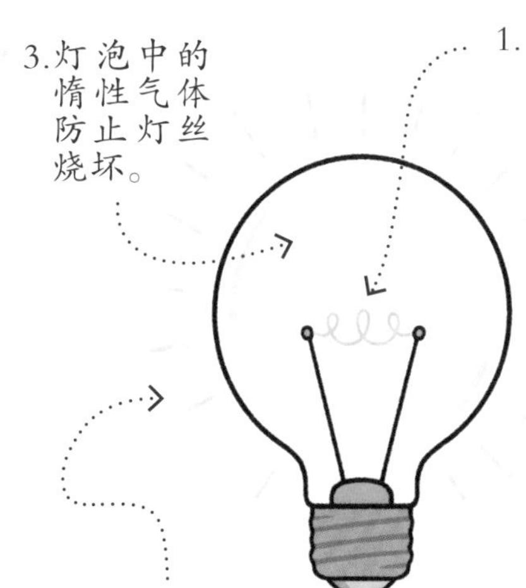

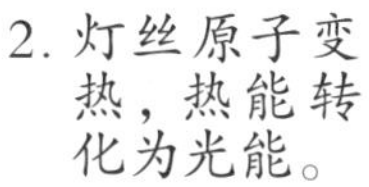

LED灯泡是这样工作的:

LED(发光二极管)灯泡的工作原理与传统灯泡有所不同。LED灯泡中有一种通常由硅制成的半导体，由一个电子富集的N区和一个电子贫瘠的P区组成。电流将电子发送到P区，电子便将多余的能量以光的形式释放出来。

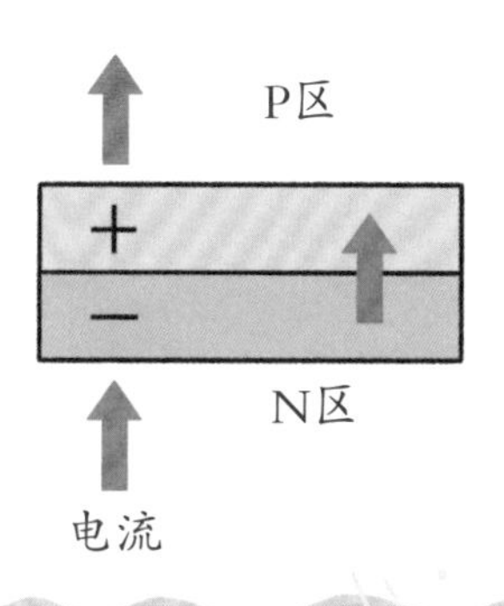

爱迪生

美国发明家托马斯·爱迪生(1847—1931)拥有1,000多项发明专利，包括电灯、电影摄像机和留声机等。

制作电动机

电源开启了，工作了，灯亮了！小小技术专家们，现在让我们仔细研究一下电和磁之间的联系以及如何利用它们来制造电动机吧。从厨房小家电、吹风机到火车，电动机无处不在！

动手做实验

钉子磁化

首先，我们来观察一下电和磁之间惊人的联系。

你需要准备:

- √ 一名成人助手
- √ 一根长铁钉或钢钉
- √ 一把剥线钳
- √ 一根长塑料外皮铜导线
- √ 一节5号电池
- √ 胶带
- √ 一个小回形针

1. 请你的助手将导线两端的塑料皮各剥去1厘米。

2. 将导线在钉子上紧紧地缠绕至少30圈，两头各留出约30厘米。如果需要的话，用胶带将导线固定在钉子上。

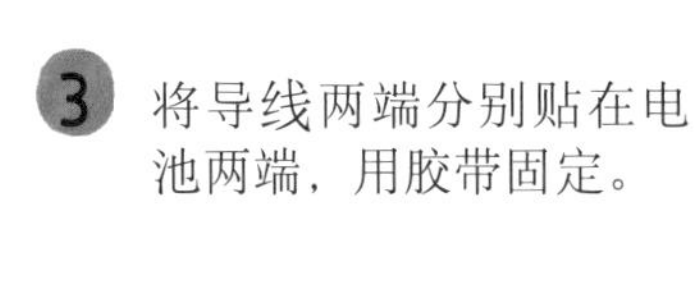

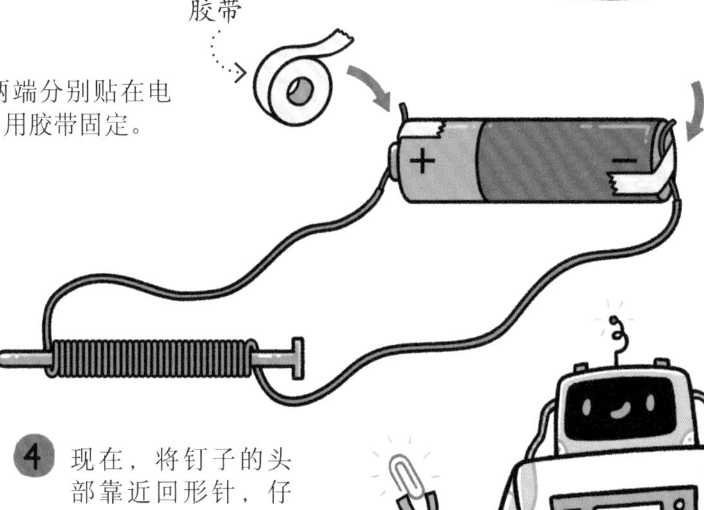

3. 将导线两端分别贴在电池两端，用胶带固定。

4. 现在，将钉子的头部靠近回形针，仔细观察会发生什么。

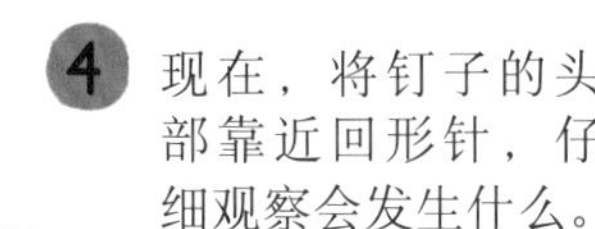

警告！
电池会变热！

为什么会这样?

电流通过导线时，产生了磁场，这意味着钉子有了磁性，能吸起某些金属物体。那么，导线在钉子上缠绕的圈数会对磁性产生影响吗?

电磁铁可以通过开关进行控制，这是电动机的转子可以持续转动的原因。

奥斯特

丹麦科学家汉斯·克里斯蒂安·奥斯特(1777—1851)发现了电和磁之间的联系。有一次，当他将通电导线靠近磁罗盘时，罗盘指针移动了，他意识到电流能够产生磁场。

探索加油站

电动机的工作原理

电动机利用电能使物体运动，这依赖于电流和磁场。每个磁体都有一个北极和一个南极，磁场方向从北极指向南极，这就是为什么北极和南极会相互吸引，而相同的磁极则相互排斥。

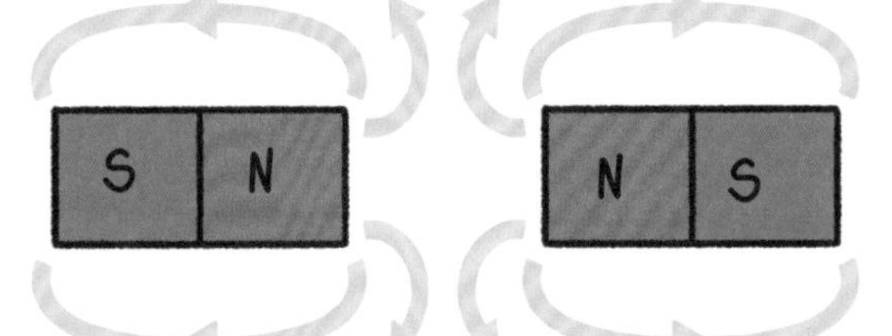

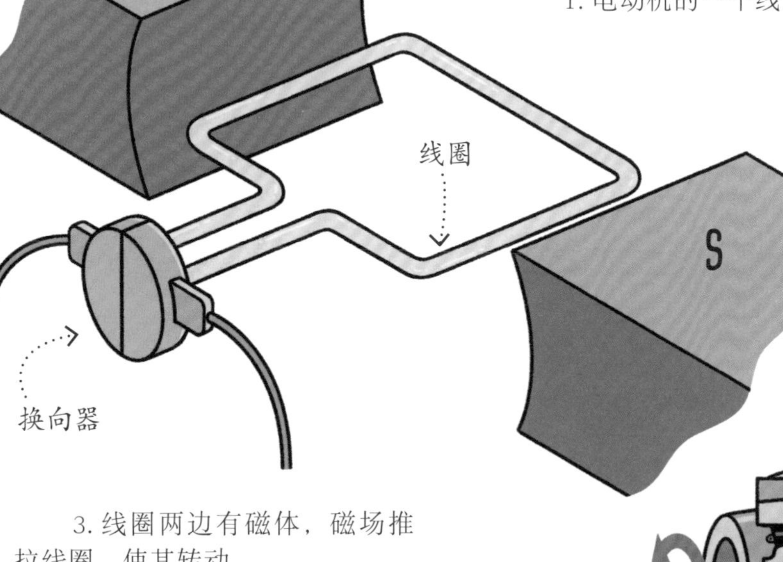

1. 电动机的一个线圈。

2. 电流通过线圈并在其周围产生磁场。一种叫作换向器的装置不断地改变电流的方向，因而不断地改变线圈的磁场。

3. 线圈两边有磁体，磁场推拉线圈，使其转动。

0和1的世界

最新的、最现代的电子信息产品，如手机、平板电脑，都依赖于数字技术，而传统的电子产品是通过模拟技术发送通信信号的。它们之间有什么区别呢？

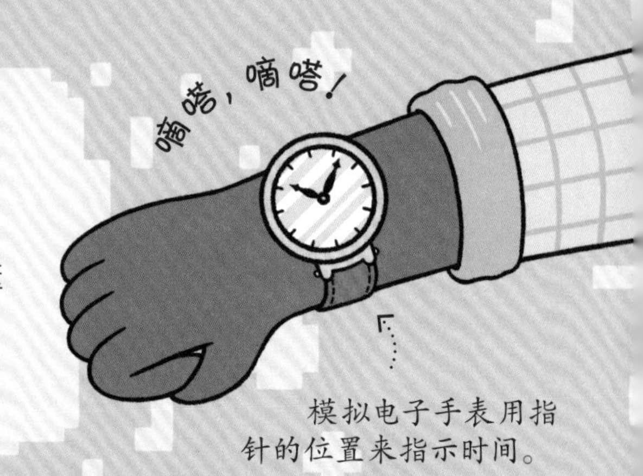

模拟电子手表用指针的位置来指示时间。

探索开始啦

数字手表用一定节奏变化的数字来显示时间。

模拟

在模拟电子技术中，信息以物理模式存储，并以连续信号发送。体现在模拟电子手表上就是电池驱动下的指针不停地转动。在模拟无线电技术中，连续变化的声波被转换成在空气中传播的连续变化的无线电波（见第 56 页）。

数字

数字信号将信息作为一系列脉冲（联想一下音符）发送，它们要么是“开”，要么是“关”。脉冲的顺序是一个代码，数字机器将其转换成我们能理解的信息。数字信号比模拟信号快，误差小。数字设备倾向于数码显示，如数字手表。

趣味谜题

你能破解数字代码吗？

你是一名顶尖的技术经纪人，收到了一条重要的数字代码信息。它到底是什么意思呢？或许是：

S 形 = 危险

V 形 = 警报解除

C 形 = 开始下一项任务

正方形 = 返回基地

代码是 0000001110010100111000000。1 是脉冲，0 不是。

你需要准备：

- √ 正方形的方格纸（坐标纸）
- √ 一把尺子
- √ 一支黑色的钢笔

1. 在纸上画出 5×5 的方格。

2. 代码中的每一个数字占有一个方格。从左上角第一个方格开始，0 是空白，遇到 1 时，将其填入。你有什么发现？

（答案见书后）

为什么会这样？

这个代码是一种叫作二进制编码的数字代码，1是“开”的信号，0是“关”的信号。大多数计算机都使用二进制编码处理信息，但是你收到的二进制码是什么意思呢？答案可在书后找到。

探索加油站

光纤的工作原理

当你使用固定电话与朋友聊天时，你或许是在用一阵阵的光束向他或她发送信号呢！这是因为光纤电话线是通过激光脉冲传输信息的。光缆传输的信息往往是数字化的，例如高速互联网。

1. 光纤电话线是用很细的玻璃丝制成的。

2. 光波脉冲在玻璃丝中反射，传输。光束的反射是发生在内表面上的全反射，光束无法逃出玻璃丝。

你知道吗？

光纤

•光纤的直径只有人的头发丝直径的十分之一。

•光纤传输的信号绕地球转一圈，用时不到一秒钟。

卡潘尼

美籍印度裔物理学家纳瑞德·辛格·卡潘尼（1926年生）是20世纪50年代首批利用大束光纤传输清晰照片的人之一。

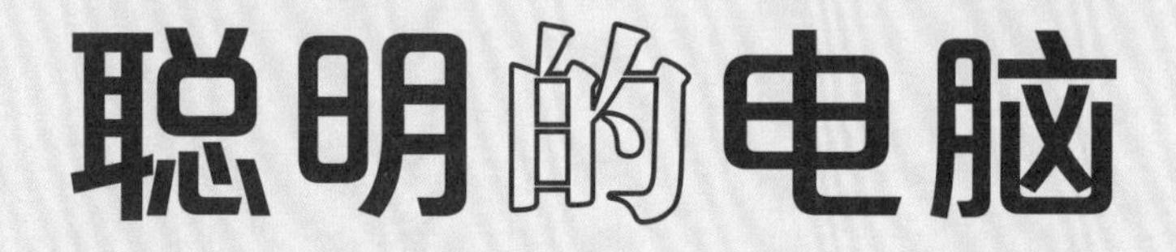

聪明的电脑

电脑和技术专家真是好伙伴！既然我们一直在享受使用电脑的便利并乐此不疲，那我们不妨一起来揭开电脑的奥秘吧！

探索开始啦

电脑是如何工作的？

电脑是一种集信息输入、存储、处理、获取等功能于一体的机器。把信息输进电脑叫作输入，保存信息叫作存储，修改信息叫作处理，获取信息叫作输出。另外，指令称为软件，完成工作的物理装置称为硬件。

输入硬件包括键盘和鼠标等。输出硬件包括显示器和打印机等。

探索加油站

鼠标怎样工作？

电脑鼠标内的传感器（就像我们的眼睛或耳朵）可以检测到接触面的移动，然后将信号发送到电脑，使指针在屏幕上移动。过去，鼠标通过信号线与电脑相连。现在，鼠标往往不需要导线，信号通过无线电或红外线发送（见第 56 页）。

无线鼠标

有线鼠标

你知道吗?

早期的计算机

· 第一台电子计算机被称为 ENIAC（右图），重达 27 吨——比 10 辆汽车还重，占据了整整一个房间。而在 2015 年，科学家发明了一种能平稳置于硬币边缘上的电脑!

· 第一个电脑鼠标是木制的。而现在制造鼠标的材料各种各样，不计其数。有些电脑甚至可以用手势来控制。

计算机内部有什么?

拆开一台计算机，我们看看里面都有什么吧!

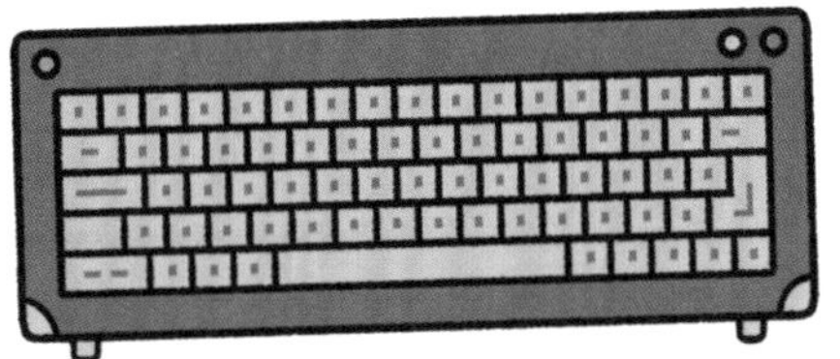

1 键盘以电信号的形式将输入信息发送到 IO 板，即输入 / 输出板上。

2 IO 板将插入的硬件（如键盘和显示器）与 CPU 及计算机其他部件连接起来。

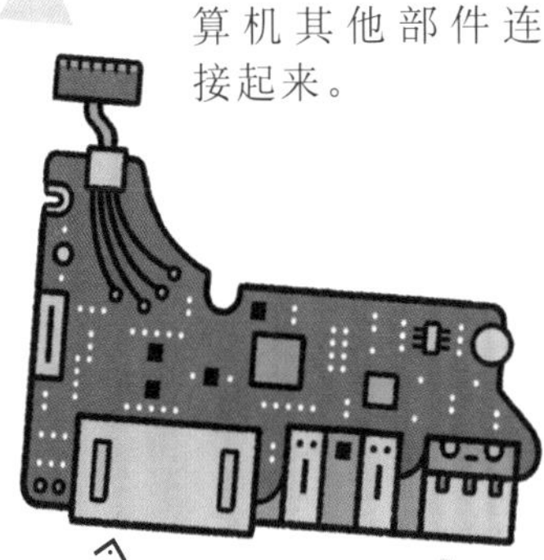

3 CPU，即中央处理器，根据计算机程序指令处理输入的信息。它位于被称为主板的主电路板上。

RAM

4 信息被上传并临时存储在内存，即随机存储器 RAM 中。

5 信息被永久存储在硬盘中。

你知道吗?

计算机编程

计算机程序是用编程语言编写的一组计算机指令。计算机的处理器无法真正理解这些指令，还需要其他程序将指令转换成数字二进制编码（见第 53 页），这便是机器码。

阿达·洛芙莱斯

阿达·洛芙莱斯（1815—1852）是一位英国数学家。她在一台机械计算机上工作时，意识到它的功能不只限于计算。她为这台计算机编写了一套指令，这便成了第一个计算机程序。

看不见的导线

现代设备可以通过无线方式发送信息，这是如何做到的呢？答案是“波”。让我们去一探究竟吧！

探索开始啦

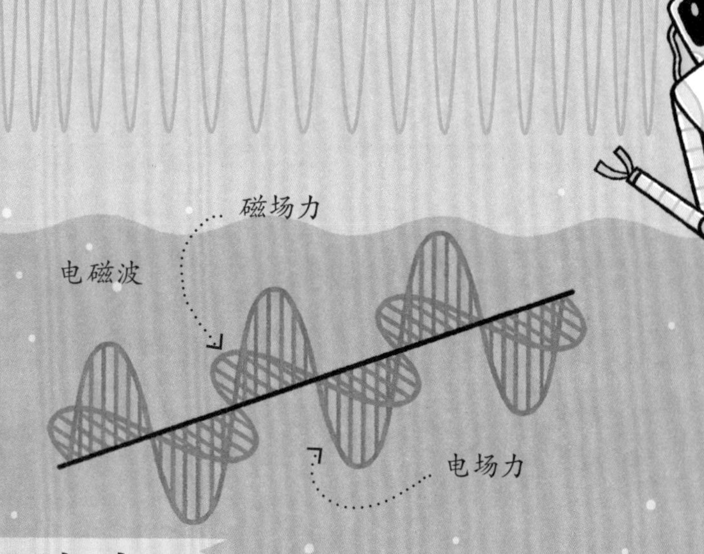

能量波

运动的带电粒子以电磁波的形式释放能量，称为辐射。光是电磁波的一种，除此之外，还有其他一些肉眼看不见的电磁波。

探索加油站

电磁波谱

不同类型的电磁波有不同的波长和频率。波长是指从一个波峰到下一个波峰的距离，频率是描述波周期性变化快慢的量。所有的波便构成了电磁波谱。电话、电视和收音机使用的是电磁波信号，X光机和微波炉也是如此。

无线电波	微波	红外线	可见光	紫外线	X射线	γ射线
传送电视、广播信号	用于手机、微波炉、天气预报	用于电视遥控、防盗报警、烤面包机	可使我们看见周围东西的光波	荧光灯，可识别假钞	用于X光检查	用来杀死细菌和癌细胞

低能波长 ⟷ 高能波长

你知道吗？

广播和电视

广播和电视节目是如何通过电磁波传播的呢？首先，声音和图像被转换成电信号，然后由无线电发射机以无线电波的形式发射出去。无线电接收器接收电波，将其转化为电流，然后再还原成原来的声音或图像。像路由器、无线打印机和笔记本电脑这样的无线设备，也是使用无线电波来传输数据信息的。

动手做实验

电磁波侦探

接下来的挑战是识别各种电磁波设备。

你需要准备：

- √ 一张大的纸
- √ 彩笔

1. 将纸分成七栏，每栏顶部写上一种电磁波的名字。

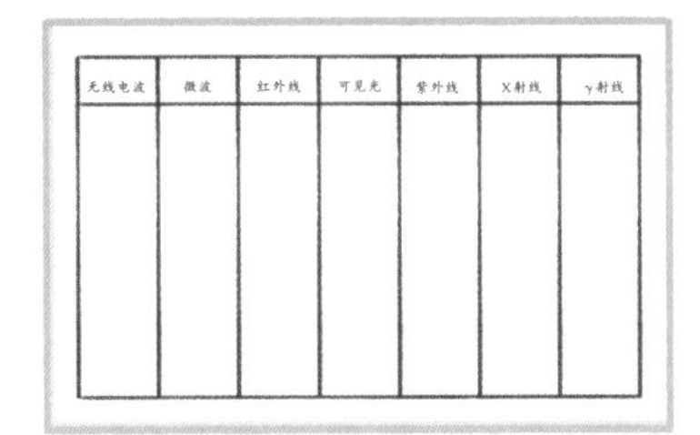

2. 先研究一下第 56 页上的电磁波谱，然后在图表各栏里画出利用该类电磁波的实物。例如，在红外线栏目下，画一个电视遥控器。

3. 在你家里和小区周围找一找，看能否找到其他的应用电磁波的设备，将其画在你的表格中。

你知道吗？

无线的奇迹

卫星导航系统使用无线电波来帮你定位。在汽车卫星导航设备中，无线电接收器接收环绕地球飞行的 3 颗或 4 颗卫星发送的信号，这些卫星信号为驾驶人提供了详细的位置和时间信息。车上的接收器对信号进行处理，然后计算出你的位置。

并不是所有的无线技术都依赖无线电波。例如，电视遥控器就是使用红外线，将其照射到探测器上来实现遥控的。红外线是一种看不见的电磁波，但有时我们可以感受到它的热度。任何温暖的物体都会发出红外线——包括你自己！

赫兹

海因里希·鲁道夫·赫兹（1857—1894）是德国物理学家，他证明了电磁波谱的存在。

神奇的互联网

互联网上有各类信息，娱乐、购物、新闻、电影、电视……可谓包罗万象，无所不有。可是，这个覆盖全球的神奇网络是如何工作的呢？

探索加油站

互联网是如何工作的？

互联网是连接电脑、智能手机等电子设备的全球网络。每个电子设备都有一个 IP 地址，可以在互联网上根据既定规则与另一设备进行通信。

1. 计算机发送一个请求网页的信息，该信息称为数据包。

2. 这个数据包经由路由器和服务器（处理数据请求和传送的大型计算机）处理，通过光纤或卫星进行传输。

互联网上的每一条信息都写有发送者的 IP 地址、发送目的地 IP 地址和组装数据包的指令，因此，即使一个设备由不同姓名和电子邮件地址的人共享，信息也会准确无误地传输。

3. 互联网中的某台服务器接收信息。

4. 被请求的网页被分解成许多数据包，以同样的方式发送回去。

5. 计算机组装信息包后，在屏幕上显示出网页。

动手做实验

模拟互联网

无须打开电脑，“互联网”就能连到我们家中！

你需要准备：

- √ 三名参与者（包括你）
- √ 几张纸
- √ 几支笔

1 三位玩家围坐在一起，放好纸和笔。

2 请玩家 A 离开房间。

3 玩家 B 想出一种动物名称，悄悄告诉玩家 C。

4 玩家 C 在纸上画出这种动物，然后将图画撕成同样大小的四片。

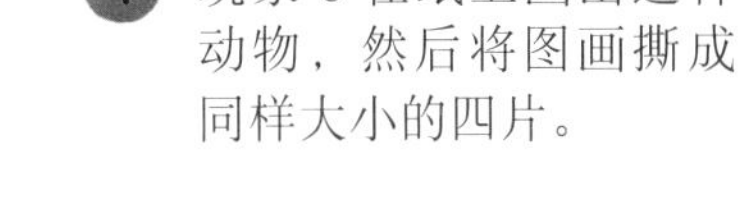

5 把玩家 A 叫回来。

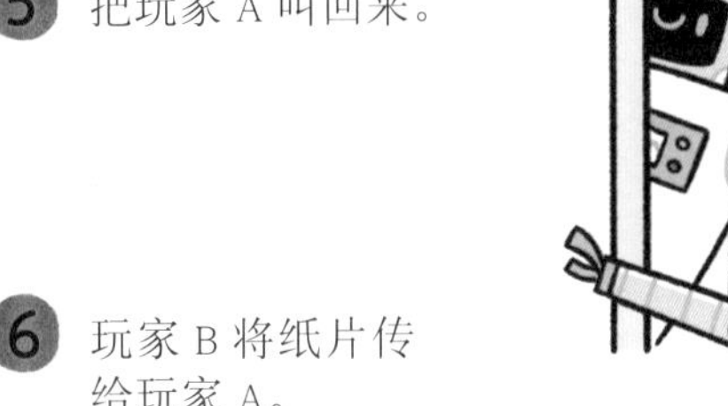

6 玩家 B 将纸片传给玩家 A。

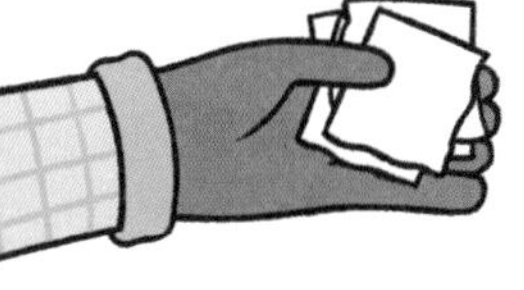

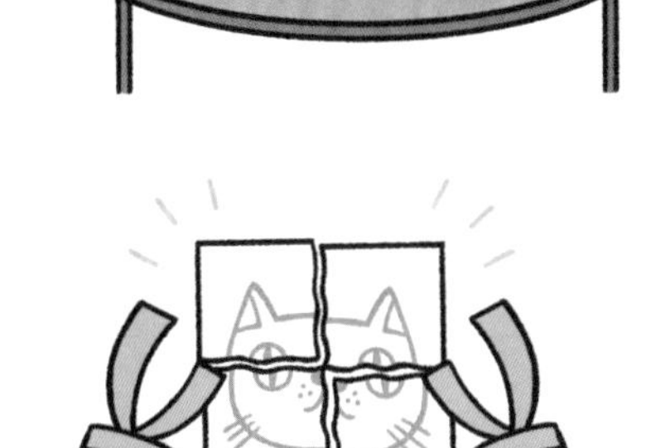

7 玩家 A 拼出图片，猜猜是什么动物。他 / 她猜对了吗？

8 交换角色，多玩几次。

为什么会这样？

这个游戏不光有趣，还告诉了我们互联网是如何工作的。

玩家 B 就像一个网络用户，对动物图片的请求就像是对某个网页的请求。玩家 C 就像是互联网服务器，接受请求并将网页分解成数据包。玩家 A 就像是玩家 B 的计算机，将数据包整合成网页。

蜂窝电话

许多人不带手机就会感到无所适从。而对一位技术专家来说，手机的工作原理则更为吸引人。

探索开始啦

手机是如何工作的?

手机既是无线电发射器又是接收器。它的天线和电池都很小，所以手机信号无法发送得非常远，但是，移动电话网络将这个问题解决了。

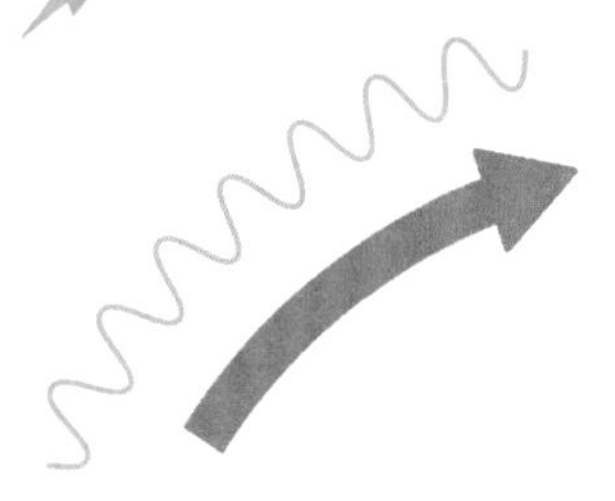

1.麦克风将你的声音的声波转换成电信号。

2.微芯片(微型集成电路)将你的声音转换成二进制代码。

3.手机中的无线电发射器将代码以无线电波的形式发出。无线电波到达周围最近的通信基站天线。

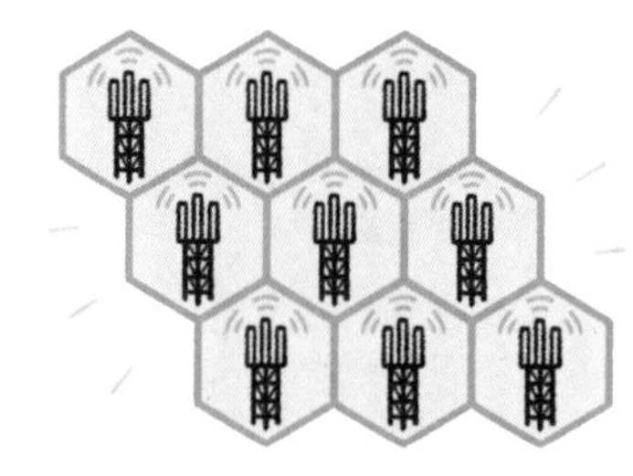

移动电话网络覆盖的区域通常被划分成六边形蜂窝状区域，这样覆盖范围能够最大化而不至于重叠，力求每个区域都有一个天线和一个基站。天线接收到你手机发出的无线电信号，基站将它传送到距离被呼叫人最近的基站。

4.基站天线将信号传送到通信基站。

5.通信基站转发信号，信号由被呼叫电话的无线接收器接收。

无线电波拦截器

你有没有注意到，在经过隧道时，手机或车载收音机有时接收不到信号？那是因为无线电波被阻挡，无法到达你的接收器。在下面的实验中，你可以利用遥控玩具车和遥控器，测试一下哪些材料会阻挡无线电波。

你需要准备：

- √ 一辆遥控玩具车和遥控器
- √ 一支笔
- √ 纸
- √ 铝箔
- √ 布料
- √ 塑料袋

1 画一张三栏表格。在顶部第一栏写上“材料”，第二栏写上“车动了吗？”第三栏写上“发生了什么？”

材料	车动了吗？	发生了什么？
铝箔		
纸		
布料		
塑料袋		

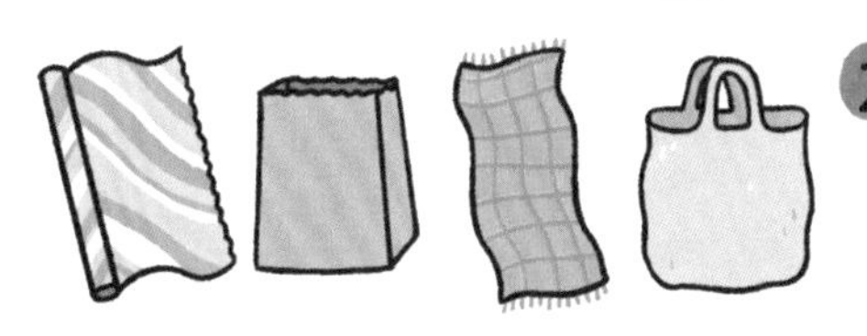

2 在“材料”栏下面，写上“铝箔”“纸”“布料”和“塑料袋”。

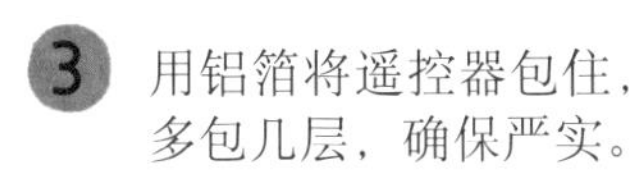

3 用铝箔将遥控器包住，多包几层，确保严实。

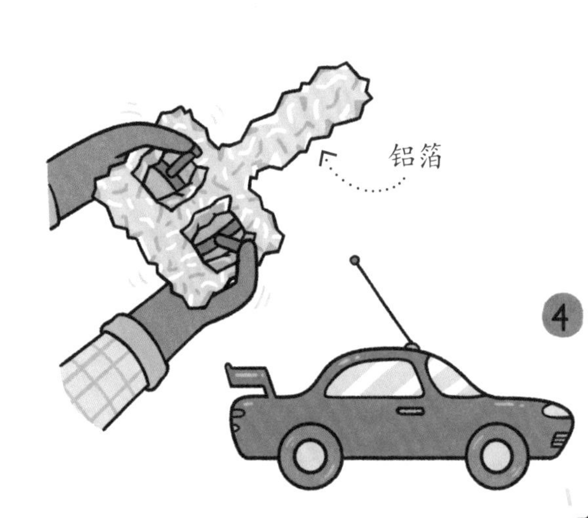

4 用遥控器试着遥控玩具车。车动了吗？将结果写在表格里。

5 使用不同的材料，重复步骤 3 和步骤 4，然后将结果写在表格里。你有什么发现？

为什么会这样？

遥控器被铝箔或其他材料覆盖时，汽车是否移动呢？遥控器是无线电波的发射器，汽车则通过无线电波接收移动指令。如果遥控器上的发射器被某些东西挡住了，信号就无法传送。你可能会发现，较轻的材料阻挡不了无线电波，但铝箔却能，这是因为铝和其他金属一样，可以阻挡和反射无线电波。

人工智能

机器工作起来非常勤奋，但是它们没有大脑。技术专家们正在努力研发具有人工智能的机器。我们来探索一下这些聪明的机器都有什么特殊功能吧！

探索开始啦

人工智能

人工智能（AI）是计算机技术的一个领域，目的是制造出能像动物甚至人类那样思考和解决问题的机器，这些能够思考的机器需要具备推理、规划和学习等能力。让我们来看看人工智能在汽车、聊天机器人和游戏中的应用吧。

无人驾驶汽车

这种汽车无需人的控制，它们凭借电子传感器检测道路上的障碍物，使用卫星导航来找到自己的路。

聊天机器人

聊天机器人是可以与人类进行简单对话的计算机，它们会学习人类如何说话，以及常用哪些词汇。我们经常在客户服务中遇见它——它会在网站上提供解释服务，或者为机械产品提供使用说明。

电脑冠军

人类还利用计算机编程来玩棋盘游戏，比如国际象棋和 AlphaGo。2016 年，人工智能程序打败了围棋高手李世石，之后数次战胜人类。在这之前，按传统的编程方式，计算机是无法玩围棋的。

动手做实验

寻宝算法

使用互联网搜索引擎时，你会用到一些叫作算法的指令，无需人工帮助，就能查到你所需要的数据。在接下来的游戏中，你可以设计自己的寻宝算法。

你需要准备：

- √ 一位朋友
- √ 六枚硬币
- √ 两支笔
- √ 两把尺子
- √ 六张纸

1 跟你的朋友一起画出各自的寻宝图（如图所示），每人三张。

2 请你的朋友带着他/她的一张寻宝图和硬币到另一个房间去，将硬币随意放到图中小方格里，放完为止。

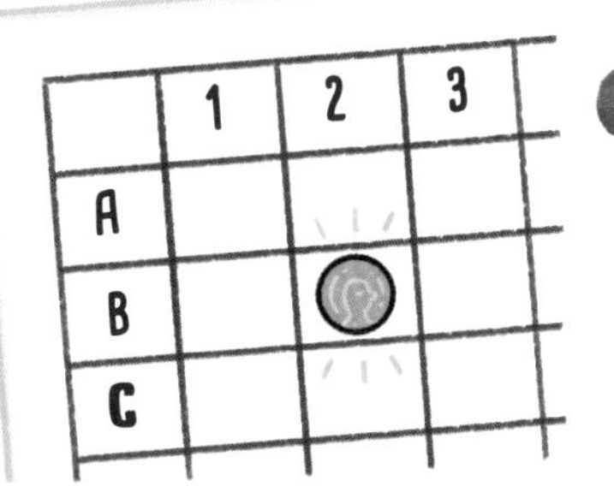

3 用你的一张寻宝图，猜猜你的朋友将硬币放到了哪里。如果你第一次猜测是A1，那么就在A1方格中写下“1”，若猜对了，再画个圆圈，若猜错了，就画个“×”。继续猜，直到找出所有硬币的位置。

4 用一张新的寻宝图，再玩一次游戏。但是，在这次游戏中，每猜完一次，你的朋友必须告诉你另外一个没有硬币的方格位置，在这个位置上画上“×”。

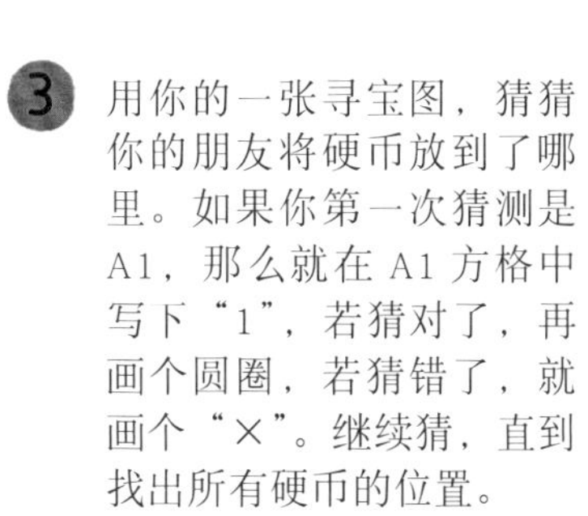

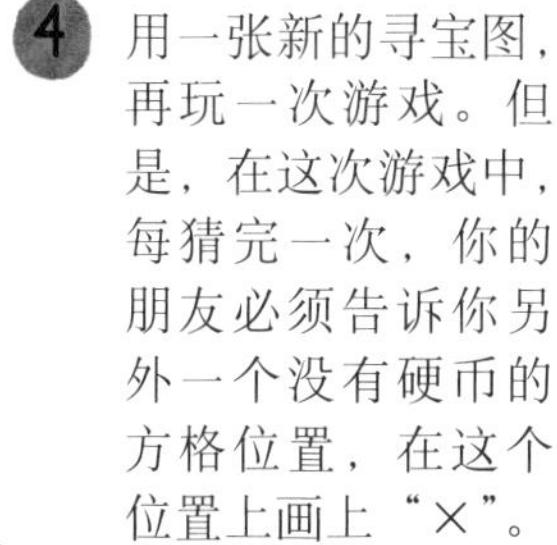

5 第三次玩这个游戏。这一次，你的朋友要按照数字的顺序告诉你行编号，比如硬币藏在A4、B3、C5、D1、E2、F6，你的朋友要告诉你：D、E、B、A、C、F。如果两个位置的数字编号相同，可按任何顺序说出字母编号。

为什么会这样？

步骤3、步骤4和步骤5代表了三种不同的硬币搜索算法。在步骤3中，你随机选择方格，除非非常幸运，否则一定比步骤4要慢。步骤4使用了一种查看正负两种数据的算法。步骤5应该是最快的，因为它使用了一种一次查看所有数据的算法，为搜索提供了有用线索。

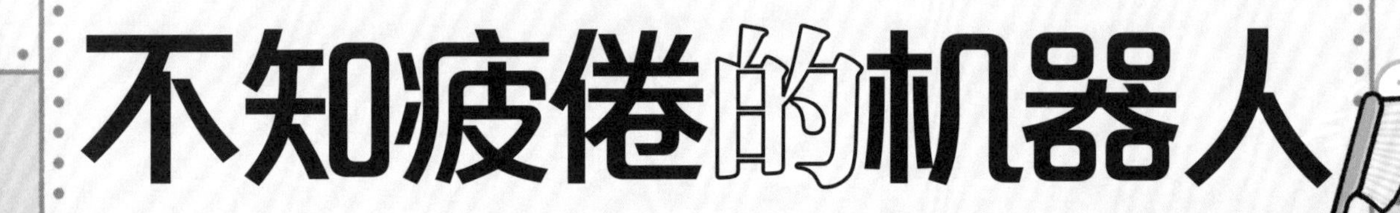

不知疲倦的机器人

机器人真是不可思议，在程序控制下能为人类服务，甚至能够协助外科医生做手术来拯救生命！

探索加油站

机器人手臂的工作原理

大多数机器人身上都有可活动的部件，许多是专门为工厂作业设计的，比如焊接、喷漆、包装或组装产品等。除了需要维修之外，它们在计算机控制和电机驱动下，能够一直不停地工作。

大多数机器人有一个带关节的手臂，有三种移动方式：平移（左右移动）、转动（旋转）和俯仰（上下移动）。传感器能确保手臂移动幅度大小恰如其分。

2.转动（旋转）

从侧面看

3.俯仰（上下移动）

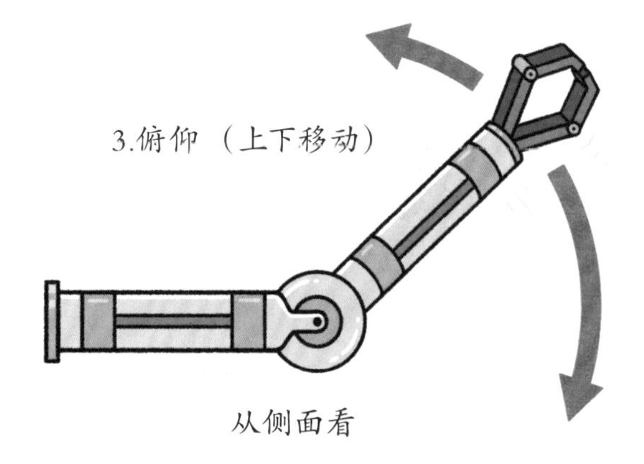

从侧面看

1.平移（左右移动）

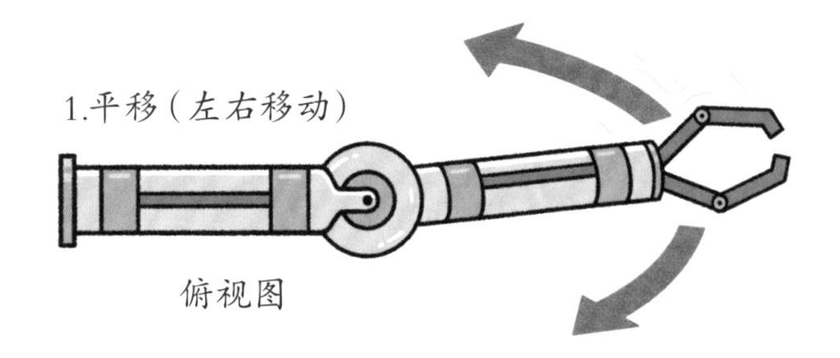

俯视图

你知道吗?

有用的机器人

机器人还能从事一些危险工作，比如清理危险的废弃物、处理未爆炸的炸弹、地震废墟中救人以及在太空或深海等极端环境中作业。

动手做实验

制作机械臂

你想做一个机械臂吗？来吧——做起来比看起来容易多啦！

你需要准备：

- √ 一名成人助手
- √ 中等重量的硬纸板
- √ （用来穿孔的）金属签子或剪刀
- √ 一把尺子
- √ 七个纸张扣钉
- √ 一支铅笔
- √ 胶水或胶带

1 用纸板剪出七段 2 厘米×15 厘米的纸条，将其中一段剪成两半。

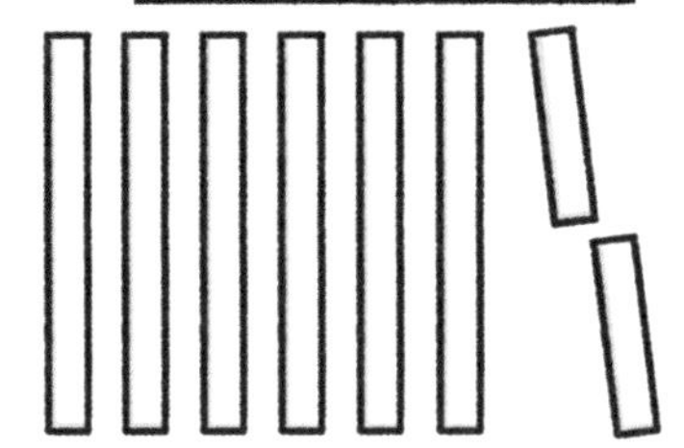

2 如图所示，在纸条上穿孔。孔眼要能使扣钉穿过，并能转动。

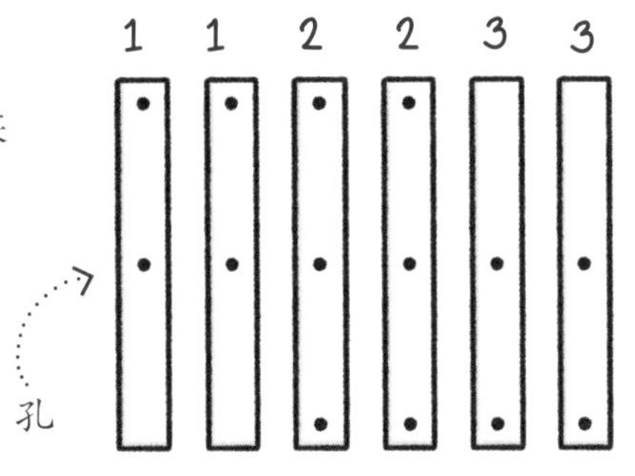

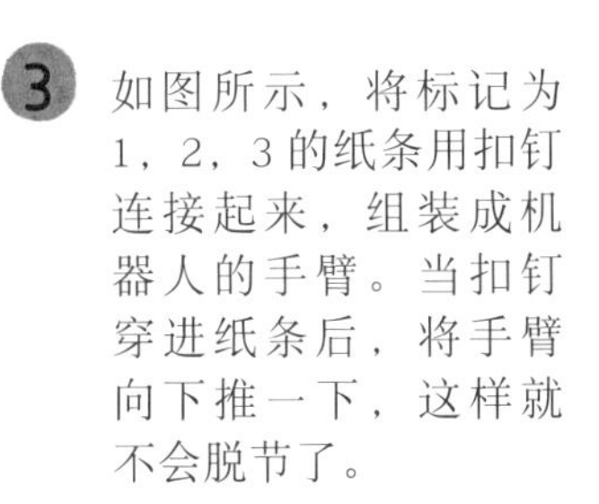

3 如图所示，将标记为 1，2，3 的纸条用扣钉连接起来，组装成机器人的手臂。当扣钉穿进纸条后，将手臂向下推一下，这样就不会脱节了。

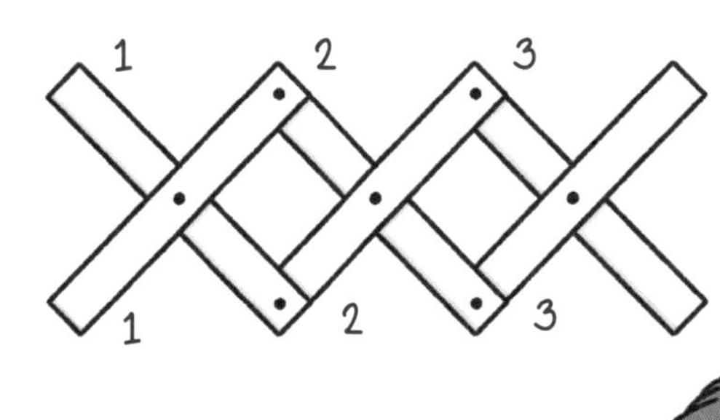

4 最后，将两小段纸条用胶水或胶带粘到纸条 3 上。

顶端

短纸条

为什么会这样？

你的机械臂的动作非常有限，或许只能捡起一些小东西。而数字机械臂连接着计算机，可以由程序指挥着它做各种动作。

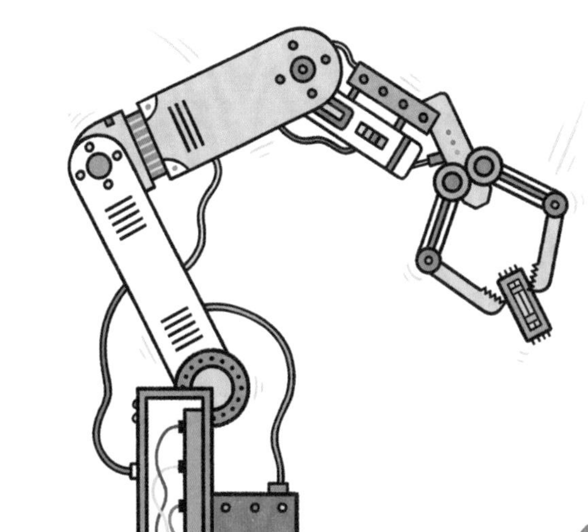

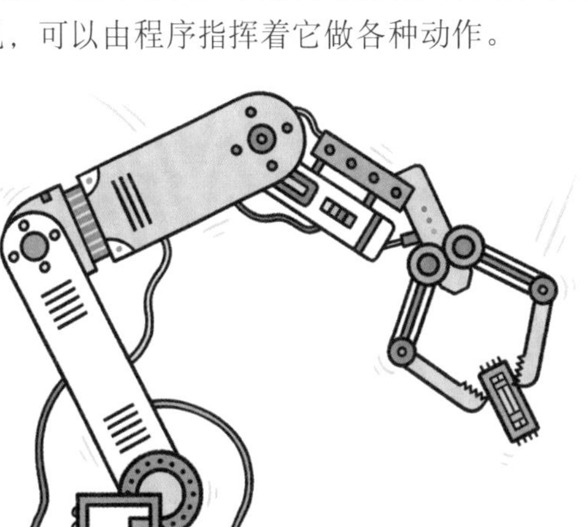

趣味谜题

人机对战

在下面的项目中，你认为哪些项目机器人会做得比人类好？哪些项目人类会一直比机器人做得好？

1. 跑步
2. 烹饪
3. 转魔方
4. 摘苹果
5. 写诗
6. 水下游泳
7. 复制人的笔迹
8. 表演魔术
9. 组装 DIY 家具
10. 讲笑话

（答案见书后）

你好，机器人！

尽管目前许多机器人的工作都很机械，但是，机器人编程正在向感官（触觉、听觉等）、语言以及推理等领域延伸。随着技术进一步发展，机器人将会具有触觉功能呢！

探索开始啦

机器人训练

虽然大多数机器人是用于工业的可编程机器，但有些机器人，尤其是那些与人类互动的机器人，被设计成了人的样子。人类能做的事情它们最终能学会多少呢？技术专家们开始对它们进行训练。目前，它们已经能够进行编程和相互训练了。

趣味谜题

机器人训练挑战

你的机器人能捡起手机，然后把它放到椅子上吗？这个房间被分割成方格，每个方格都有其网格坐标。

图例

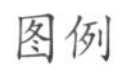

[机器人]	机器人
[椅子]	椅子
[手机]	手机
*	去
P/G	捡起或给

	1	2	3	4	5
A					[手机]
B					
C					
D					
E	[机器人]	[椅子]			

下面是机器人操作程序（指令）：

[机器人] * C1 * C5 * A5 P/G[手机] * A4 * E4 * E2 P/G [手机]

注意每次出现*时，机器人就会改变方向。机器人是不能沿对角线移动的。你能重写一个程序，使得机器人改变移动方向的次数更少吗？

（答案见书后）

动手做实验

制作机械手

在训练你的机器人执行复杂任务之前，需要先设计一只更加先进、好用的手。

你需要准备：

- √ 纸板
- √ 五根吸管
- √ 一支铅笔
- √ 一把剪刀
- √ 细绳
- √ 胶带
- √ 一把尺子

1 沿着你的手（手指稍微分开）和手腕边缘，在纸板上画出它们的轮廓。然后，用尺子将轮廓画得更粗更直一些。

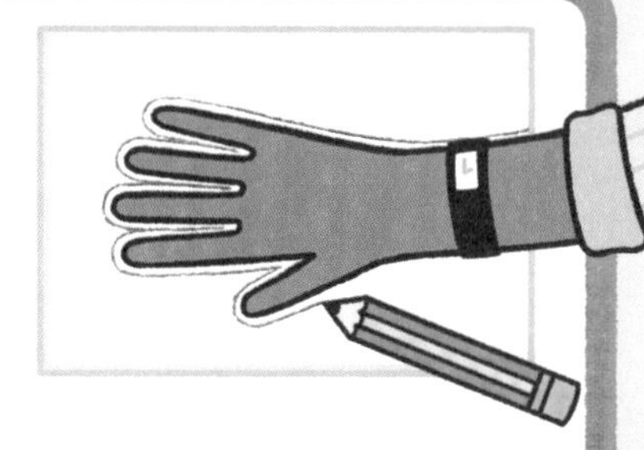

2 沿着手和手腕的轮廓剪下。

3 将四根吸管每根都剪成三根 1 厘米和一根 4 厘米的小段（用于手指）。然后将一根吸管切成两根 1 厘米和一根 3 厘米的小段（用于大拇指）。

4 纸板手指的关节处画上三条水平线，拇指上画两条就够了，在线处折叠一下。

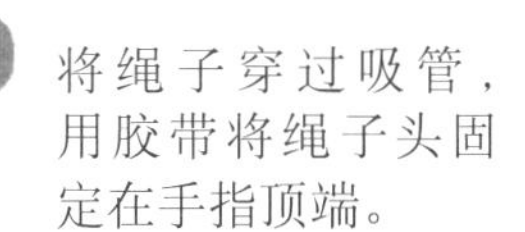

5 如图所示，用胶带将吸管小段粘到纸板手指关节之间。

6 将细绳剪成五段，比手和手腕长一些。

7 将绳子穿过吸管，用胶带将绳子头固定在手指顶端。

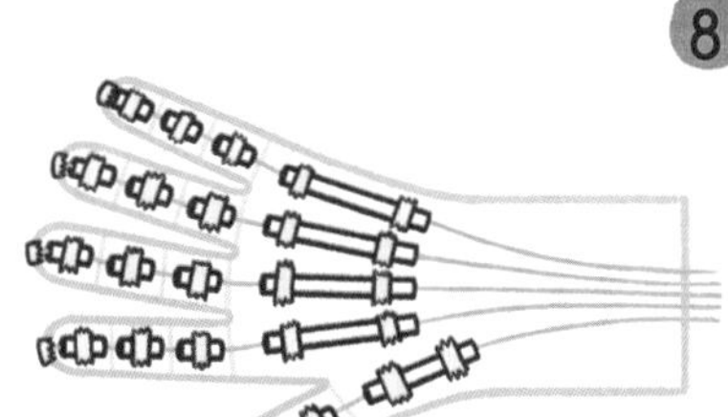

8 在纸板手腕处抓住所有的绳子，试着拉动一下，看看会发生什么！

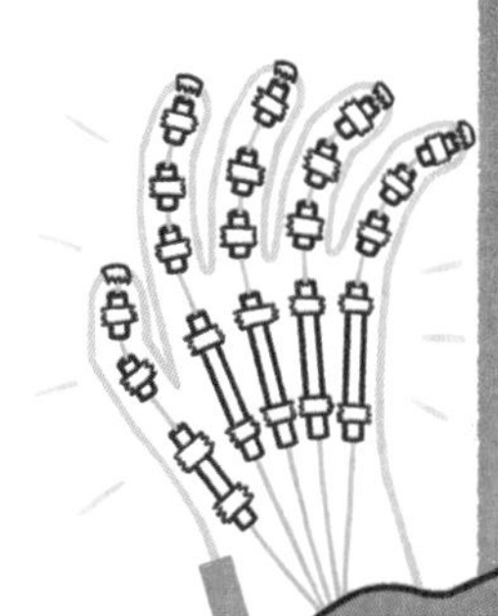

为什么会这样？

机械手通常是仿照人手来设计的。人手上有一种叫作肌腱的软组织会拉动手指上的骨骼。吸管和细绳的作用就像骨骼和肌腱。

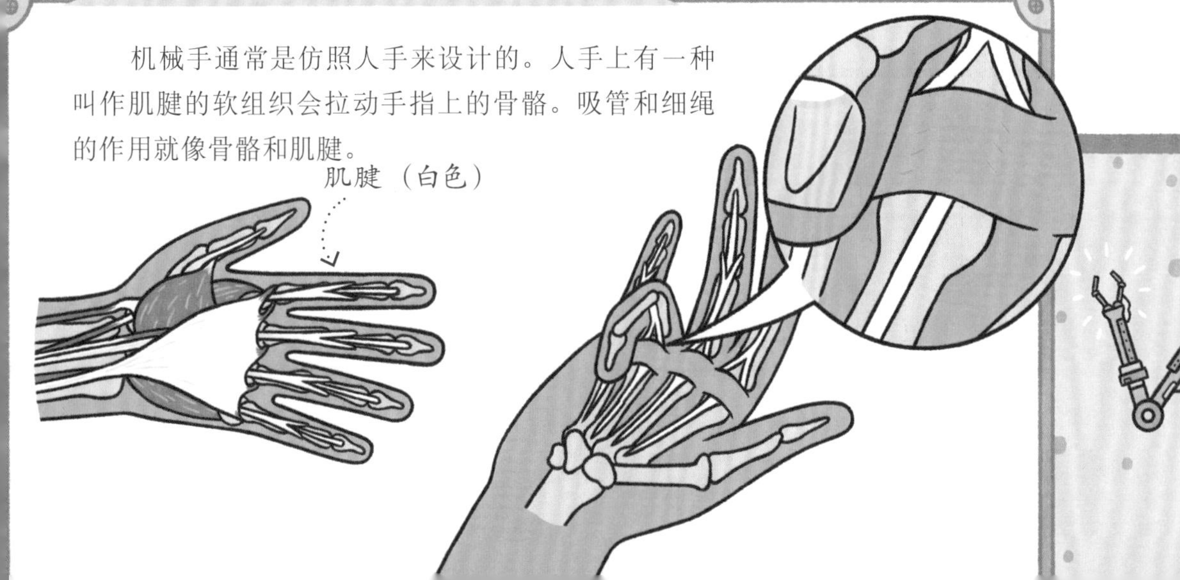

飞向太空

在我们的星球之外，还有一片未知的世界，它们或许就是开启新的科学发现的钥匙，将帮助人类继续繁荣下去。我们来研究一下太空探索技术吧！

探索开始啦

太空探索

太空探索涉及一些令人难以置信的高端技术，包括用于在行星附近拍摄照片、测量温度的用无线电控制的空间探测器，环绕地球运行的空间站以及探索月球和火星的漫游机器人。火箭将所有这些设备发送到它们各自的目的地。

太空漫游机器人是探索人类无法生存的星球的机器人。例如，火星车属于收集火星岩石并拍摄照片的机器人，用于研究火星上是否存在过生命或能否再次孕育生命。

国际空间站（ISS）是一种轨道空间站，以每秒 7.66 千米的速度在地球上空 426 千米的轨道上运行。宇航员和科学家们在那里研究生物如何才能在太空中健康生存。

火箭由燃料燃烧喷出的炽热气体推动，被发射到太空中。是的，又是牛顿第三运动定律！如果想要进入更遥远的太空，携带更多的补给，我们就需要更大载荷的火箭。

动手做实验

制作气压火箭

你想要制造一枚不会剧烈爆炸的火箭吗？没问题！我们不用燃料就能将气体从火箭中推出来。不过，我们同样还会用到两种要素：气体和压力（推动气体的力）。气体就是空气，压力可以用一个瓶子制造出来。

你需要准备：

- √ 一名成人助手
- √ 一支吸管（将可弯曲部分切除）
- √ 两张纸
- √ 胶带
- √ 一个大的带盖的塑料瓶
- √ 胶水或建模黏土
- √ 一根金属签子
- √ 一把剪刀

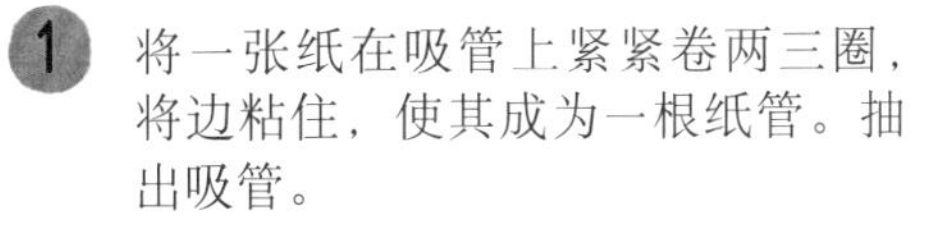

1. 将一张纸在吸管上紧紧卷两三圈，将边粘住，使其成为一根纸管。抽出吸管。

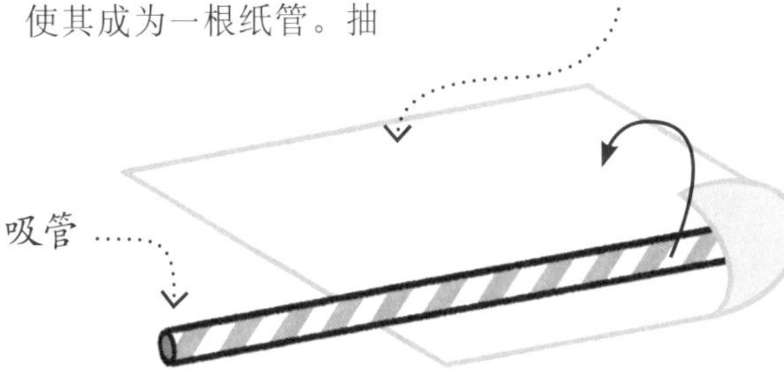

2. 用纸剪出两个三角形，粘在纸管上作为火箭尾翼。

3. 将纸管另一端折叠，用胶带将其粘好、封住。

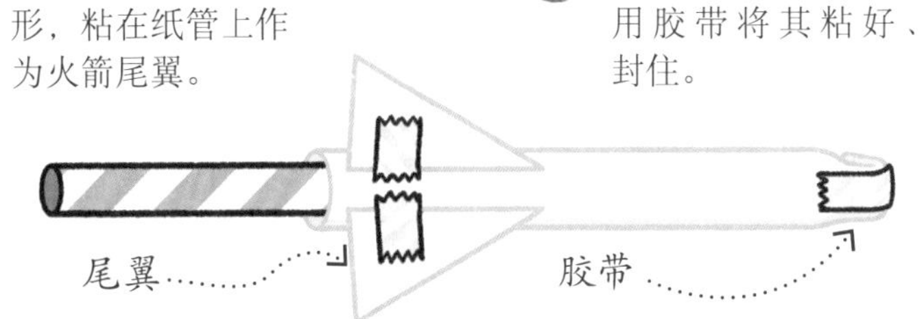

4. 请你的助手用金属签子在塑料瓶盖上钻个洞，洞口大小正好容纳下一根吸管。

5. 将吸管穿过瓶盖上的洞，用胶水或建模黏土封住缝隙。

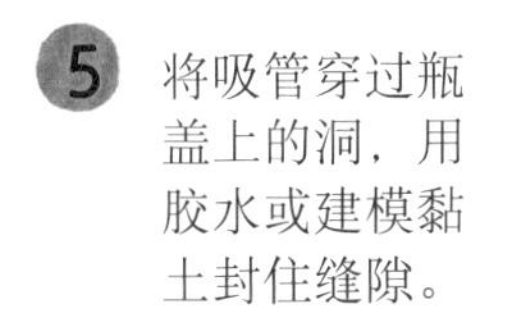

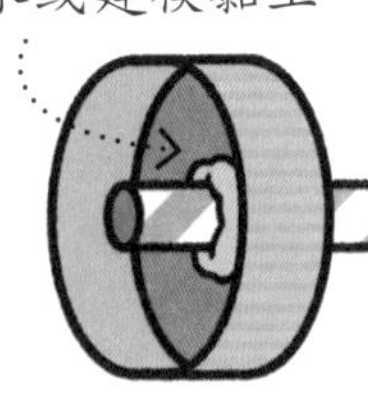

6. 将火箭套在吸管上。然后，用胳膊挤压或用脚踩瓶子。火箭升空！

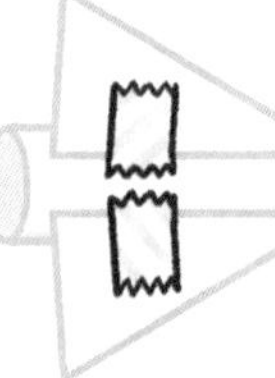

不要将火箭朝向人或易碎物品！

为什么会这样？

瓶子里的空气被推进纸火箭，但是火箭里没有足够空间，空气被迫后退，便形成了反方向上的一个推力。

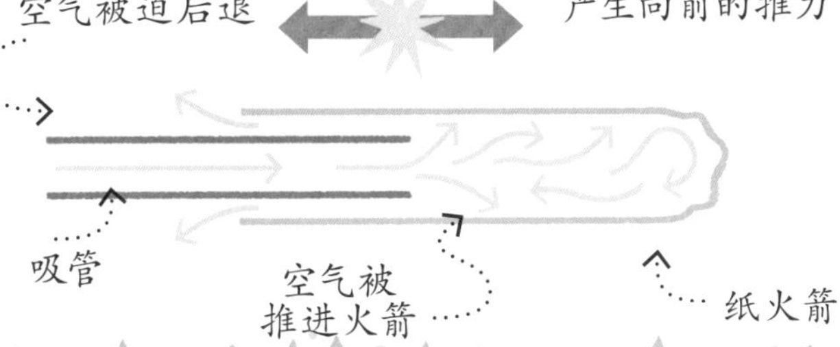

戈达德

罗伯特·H. 戈达德（1882—1945）是一位美国发明家，于 1926 年发射了第一枚液体燃料火箭，并提出了火箭喷气推进的想法。

超级宇航服

宇航员需要面对在太空中生活的诸多挑战——没有氧气，没有水，家也变成了一个遥远的蓝色星球。但宇航服为他们提供了一个随身携带的生存环境。

探索开始啦

宇航服的工作原理

宇航服上配有许多装备，保障了宇航员在太空中的生存。它提供呼吸所需的氧气，并将呼出的二氧化碳移除。宇航服有许多层，可以使宇航员免遭飞行的碎片（比如太空岩石或其他航天器的废弃物等）的伤害，保持内部气压（因为太空中没有空气），抵御严寒酷热，还可以抵挡太阳的有害射线和太阳风。

头盔上有遮阳板和照相机

宇航员用无线话筒和耳机来交流

氧气向头盔中供应

坚固的保护外层

背包里有氧气和动力电池

内层防护衣上的水管使宇航服降温

氧气、温度及无线电控制系统

你知道吗?

太空厕所

宇航员在太空中怎样上厕所呢？他们使用的马桶有点像真空吸尘器，能把所有垃圾都吸走！

探索加油站

失重

在一些空间站画面中，你有没有注意到，宇航员总是在飞船里“不受重力”地飘来飘去？那是他们围绕地球飞行，同时飞船也在围绕地球飞行，于是宇航员们看起来就像飘浮着一样。宇宙飞船和宇航员们都绕地球高速运动，根本就不会坠落到地球上。

你知道吗？

质量还是重量？

质量和重量并不是一回事，严格地说，重量是因为地球的引力而产生的，会因位置不同而有所变化。但是，质量是指物体中所含物质的多少，它总是保持不变的。

质量

重量

动手做实验

太空重力挑战

你知道在月球上你的重量会减小吗？那是因为月球的引力小于地球的引力。接下来，让我们当一回宇宙探索者，计算一下月球上的物体的重量吧！

你需要准备：

- √ 一些日常用品
- √ 一张纸
- √ 一支笔
- √ 计重秤

1. 收集一些日常用品，如足球、书、铅笔、手机等。

2. 纸上画出一个三栏表格，上方分别写上“物品”“地球上的重量”“月球上的重量”。

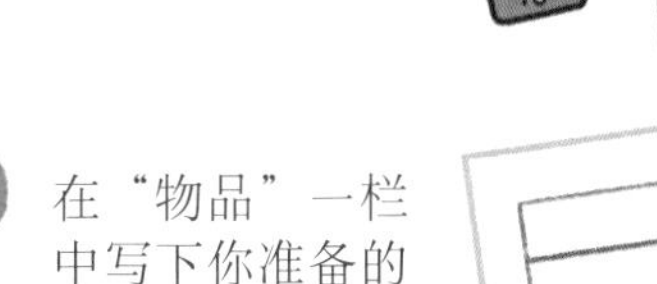

3. 在“物品”一栏中写下你准备的物品的名字。

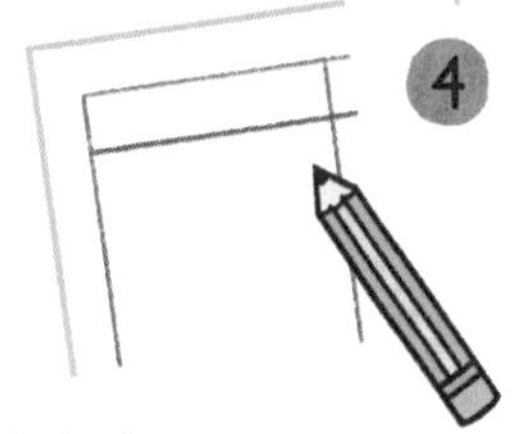

4. 在计重秤上测出每个物体的质量，将得出的数字乘以10，在“地球上的重量”一栏中记下来。

5. 接下来，算一算它们在月球上的重量。月球上的重量相当于地球上的1/6，所以将地球上的重量除以6就可以了。

6. 将算出来的结果写在“月球上的重量”一栏里。

你知道吗？

在太空中健身

宇航员要有健壮的身体，才能应对太空中出现的一些身体变化。由于太空中重力很小，他们的骨骼和肌肉不必对抗重力，因而会逐渐衰弱，所以，在国际空间站，宇航员需要经常锻炼，以保持骨骼强壮。他们的跑步机比较特殊，配有一条起固定作用的绳索，使宇航员不至于四处飘浮。

国际空间站

我们在太空中到底能生存多久呢？国际空间站里的宇航员们在利用各种技术来研究这个问题。

探索开始啦

国际空间站

在国际空间站，来自世界各地的宇航员们正致力于太空中生物生存的研究。国际空间站也是其他航天器和航天系统的试验基地。

由于那里没有天然水供应，水必须要循环利用。每个月，无人驾驶的宇宙飞船将会包括食物在内的补给物资运送到国际空间站。

1. 太阳能电池板——将阳光转化为电能
2. 散热器——有助于空间站保持恒温
3. “命运号”——美国实验舱
4. “和谐号”——电力和电子数据中心
5. 俄罗斯实验舱
6. “哥伦布号”——欧洲实验舱
7. 桁架——将空间站不同部件连接起来的结构
8. 俄罗斯对接点（飞船着陆的地方）
9. “寻求”气闸舱——太空行走的主要入口和出口处
10. “希望号”——日本实验舱
11. “曙光号”——国际空间站的第一个组件，现用于燃料储存

动手做实验

设计自己的空间站

我们来设计并建立一个自己的空间站吧！

你需要准备：

- √ 纸
- √ 彩铅
- √ 胶带
- √ 剪刀
- √ 纸板
- √ 其他材料：锡纸、软木塞、颜料

1. 再看一眼国际空间站的图片，尤其是各个组成部分。在你的空间站里，你想放什么设备呢？会跟国际空间站的一样吗？
2. 在纸上画出你的空间站，涂上颜色。
3. 用纸板把它建起来吧！想好给它起什么名字了吗？

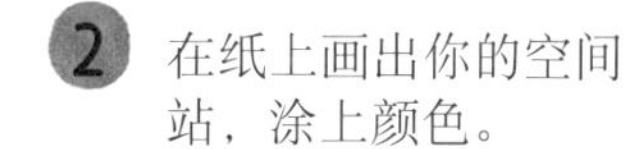

你知道吗？

太空行走

太空行走指的是宇航员走出太空舱之后进行的一系列的活动。国际空间站的宇航员通过太空行走进行科学实验、部件维修及设备检测，他们身穿宇航服，使用安全绳，确保不会远离飞船。背包上的喷气推进器，在他们需要自由移动或返回空间站时，能够助他们一臂之力。

探索加油站

气闸门的工作原理

每次宇航员开门时，气闸门能够防止空气从空间站外泄。使用步骤如下：

1. 宇航员穿上宇航服，里面有他/她呼吸所需的空气。

2. 宇航员打开内舱门，进入气闸室，然后关闭内舱门。气闸室里的空气慢慢被抽走。

3. 宇航员打开外舱门，开始太空行走。他/她返回时，重复以上开关门步骤，但顺序要颠倒过来！

趣味谜题

气闸室小测试

为什么宇航员不担心自己会被锁在气闸门外面？

a. 钥匙总是绑在他们的宇航服上。

b. 气闸门上没有锁。

c. 门是声控的。

（答案见书后）

生活在另一个星球

对于短暂停留来说，空间站还算理想。但是，如果你想在太空中长时间停留，有什么更好的办法吗？你需要什么样的生存环境呢？让我们想象一下其他行星上的生活吧！

探索加油站

什么是地球化?

银河系中可能有数十亿颗行星，但到目前为止，我们还不知道地球之外是否还存在着适宜生存的行星。它需要有类似地球空气的大气层，也需要有适宜的温度，这样生物才能呼吸，才能生存。地球化的设想是，将金星或火星这样的行星改造成类似地球的环境，供人类居住。我们真的能在邻近的行星上安家吗?

动手做实验1

压力问题

如果其他行星上的大气压强与地球上的有所不同，那么，我们的肺就会受到损伤。下面的实验解释了其中的原因。

你需要准备:

- √ 一小块不黏的棉花糖
- √ 一个干净的空酒瓶
- √ 一个抽气泵（用来吸出酒瓶里的空气）

1. 将棉花糖揉成小球。（如果较黏的话，先放到面粉里蘸一下。）

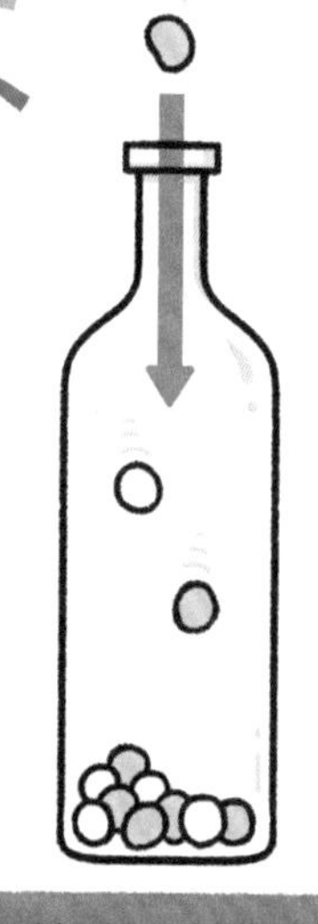

2. 把棉花糖放到瓶子里。

3. 安上抽气泵，开始抽气。当棉花糖不再膨胀时，打开瓶口，放进空气。

为什么会这样？

当空气抽出时，棉花糖膨胀了起来。棉花糖里含有一些空气，随着周围空气压力的减小，气泡慢慢变大。如果某个行星的大气压强过低，在不穿加压宇航服的情况下，我们的肺就会像棉花糖一样膨胀。

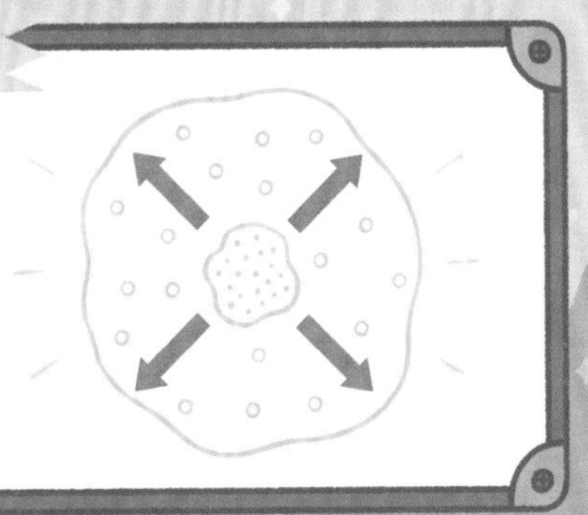

动手做实验2

太空种植

要想在另一个星球上生活，我们需要植物来提供食物和氧气。可是，怎样才能在没有营养、水和阳光的情况下种植植物呢？我们可以提供人工照明，并且循环利用养分和水。我们来做一个瓶栽植物的实验进一步探索吧！

你需要准备：

- √ 一名成人助手
- √ 一个大的（2升）塑料瓶
- √ 剪刀
- √ 盆栽土
- √ 植物种子
- √ 棉布
- √ 一根金属签子
- √ 小铲子
- √ 尺子
- √ 水
- √ 肥料
- √ 笔

1 在棉布上画出两段 2.5 厘米 ×12 厘米的长条，将它们剪下来。

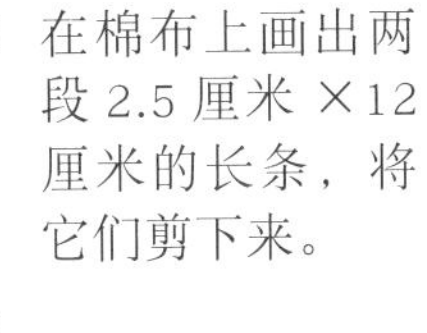

2 请你的助手用金属签子在塑料瓶顶部打三个洞，如右图所示。

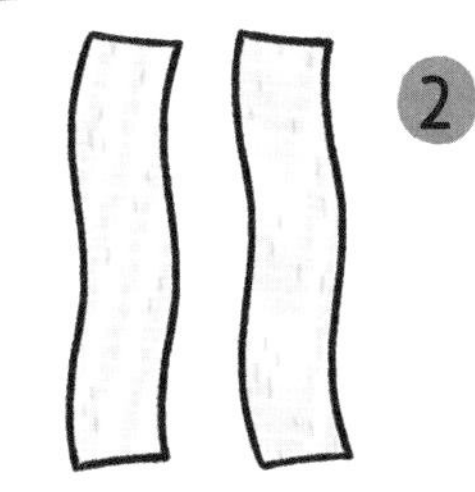

3 把塑料瓶剪成两半。

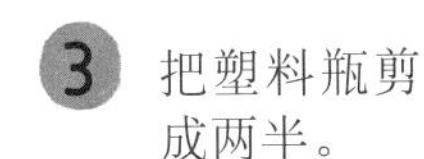

警告！边缘锋利！

4 将瓶子上半部分倒置，使两段布条穿过瓶口，并从瓶口露出一小段来。

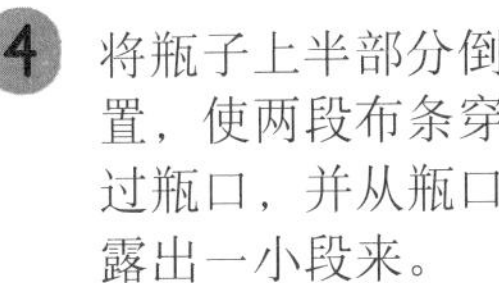

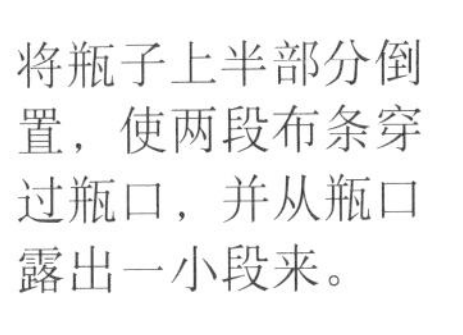

5 用小铲子加入三杯盆栽土。

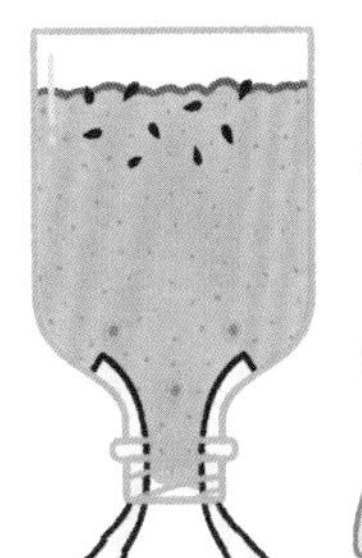

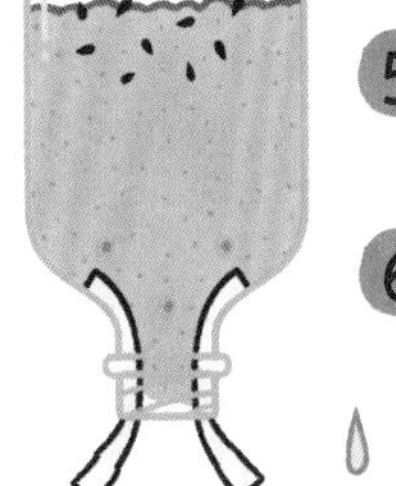

6 将种子撒入土壤。

7 在瓶子下半部分加入水和肥料。

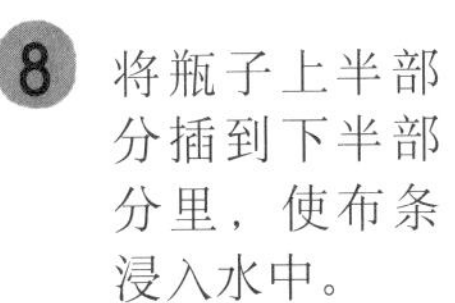

8 将瓶子上半部分插到下半部分里，使布条浸入水中。

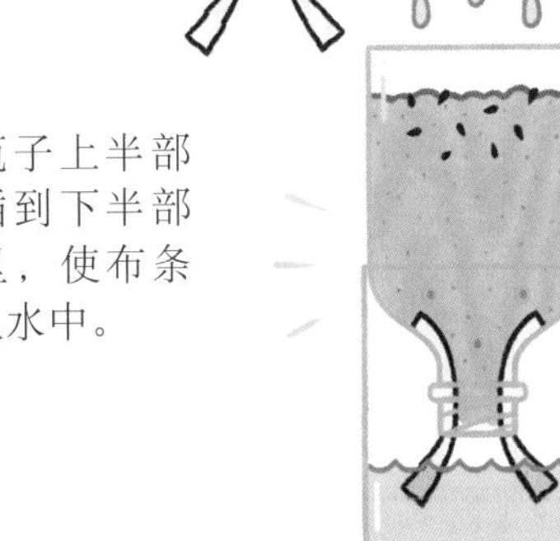

9 从顶部给种子浇点水。耐心等上几天，看看会发生什么。

为什么会这样？

瓶子底部的水通过布条进入土壤中，为你的植物提供源源不断的水分。技术专家们正努力研究太空种植方法，使植物能够以自给自足的方式生长。

术语表

酸（ACID）
一种在水中溶解时能够产生带正电氢离子的化学物质。

翼型（AEROFOIL ）
用于飞机翅膀和螺旋桨桨叶的呈弯曲状的部件，可以提高飞机的升力（有助于飞机上升的力）。

空气压力（AIR PRESSURE）
空气压迫某个表面所产生的力。

空气阻力（AIR RESISTANCE）
阻碍物体在空气中运动的力。

天线（ANTENNA）
传送或接收无线电波的导线、杆或其他装置。

大气压强（ATMOSPHERIC PRESSURE）
有一定重量的行星大气（层）在压向地面时产生的力。

原子（ATOM）
构成一般物质的最小微粒，称为化学元素。

细菌（BACTERIA）
微小的单细胞生物体。

碳（CARBON）
构成生物体非常关键的一个元素，在纯净状态下，会以多种形式存在，如石墨和钻石。

二氧化碳（CARBON DIOXIDE）
由碳和氧构成的气态化合物。

电荷（CHARGE）
电荷是某些粒子所拥有的性质，包括原子中的电子和质子。

化学反应（CHEMICAL REACTION）
化学物质组合或改变的过程，伴有电子的转移或转换。

燃烧（COMBUSTION）
烧的过程。

化合物（COMPOUND）
由两种或多种元素组成的分子。

阻力/抗力（DRAG）
与运动物体方向相反的（摩擦）力。

染料（DYE）
用来改变某物颜色的天然或合成物质。

电磁力（ELECTROMAGNETIC FORCE）
在原子内部使电子绕原子核运转的一种力，是它把物质联系在一起。

电子（ELECTRON）
原子中更小的粒子，带有一个小的负电荷。

元素（ELEMENT）
不能分解成其他化学物质的化学物质。每种元素都具有不同的、独特的原子。

发动机（ENGINE）
能够把能量转化为其他形式或使运动方向发生改变的动力装置。

蒸发（EVAPORATE）
液体加热变成气体的过程。

支点（FULCRUM）
杠杆上的固定点。

滑翔机（GLIDER）
一种没有发动机但凭借其形状利用气流来保持飞行的飞机。

引力（GRAVITY）
物体之间相互吸引的力。引力使月球靠近地球，使物体朝地心方向落下。

船体（HULL）
船身的主体，大部分在水下。

氢（HYDROGEN）
最简单最轻的元素，与氧结合生成水。

植入物（IMPLANTS）
通常出于医疗目的（例如更换器官）而放到体内的物体。

惰性气体（INERT GAS）
一种气体，如氩是一种惰性气体或稀有气体。它们十分稳定，不易与其他物质发生反应。

乳酸（LACTIC ACID）
牛奶中的细菌或运动中的肌肉自然产生的一种酸。

牛顿运动定律［LAWS OF MOTION (NEWTON’S)］
运动的三个定律：（1）任何物体将保持静止或匀速直线运动，直到它受到外力作用；（2）力等于物体的质量乘以它的加速度；（3）两个物体之间的作用（力）和反作用（力）大小相等，方向相反。

杠杆（LEVER）
一种能够更省力地移动重物的装置。使用杠杆时可在较远的距离上使用较小的力，而无须在近距离上施加大的力。

升力（LIFT）
使飞机保持在空中的力，一部分力是飞机的机翼产生的。

磁罗盘（MAGNETIC COMPASS）
磁针能够指向北方的导航装置。

磁场（MAGNETIC FIELD）
磁体发出的磁力所波及的空间区域。

物质（MATTER）
任何占据空间的物体，无论是固体、液体还是气体。

膜（MEMBRANE）
一种非常薄的片或层，通常在结构周围形成一个边界。

微芯片（MICROCHIP）
计算机和其他电子设备上的一个微小元件，是一个刻着集成电路的微型半导体晶片，通常由硅这种原料制成。

矿物（MINERAL）
一种自然生成的化合物，通常为晶体状无机物，具有一定的化学成分。

分子（MOLECULE）
由化学键连接的两个或多个原子。一个分子可以包含相同元素或不同元素的原子。

电机（MOTOR）
使用电或燃料等动力能源使车辆或其他设备产生运动的机器。

营养物（NUTRIENT）
生物所需要的一种营养化学物质，能够提供能量或强健身体。

尼龙（NYLON）
是一种塑料，经常被制成类似丝绸的纤维，非常结实。

矿石（ORE）
一种含有可提取的金属的岩石。

氧（OXYGEN）
生命所必需的一种元素（和气体），约占地球大气的五分之一。

物理学家（PHYSICIST）
研究运动、物质、能量、力等物理学问题的专家。

色素（PIGMENT）
赋予某物颜色或改变某物颜色的物质。

活塞（PISTON）
在密封圆筒内上下移动的杆或柱塞。例如，汽车发动机里就有活塞。

聚酯纤维（POLYESTER）
一种合成聚合物，占全部塑料产量的五分之一。常被制作成线或织物。

螺旋桨（PROPELLER）
一组两个或更多的旋转叶片，状如机翼，通过旋转可以使交通工具在气体或液体，通常是空气或水中运动起来。

蛋白（PROTEIN）
一种被称为生命基石的化学物质，在生物体中具有许多不同的功能。

质子（PROTON）
原子内部一种带正电的微小粒子。

泵（PUMP）
一种把液体或气体从一个地方移动到另一个地方的装置，能够抵抗重力，也能使液体或气体流动得更快。

辐射（RADIATION）
以电磁波或微小粒子形式释放出来的能量，X光就是一种辐射，大量接触会致癌。

推理（REASONING）
在现有信息基础上运用逻辑解决问题的过程。

树脂（RESIN）
一种黏性物质，如天然胶，既可以（由某些植物）自然生成也可以人工合成。

转子（ROTOR）
机器的转动部分。

卫星（SATELLITE）
围绕一个较大的天体运行的物体，由重力控制。在地球轨道上运行的人造卫星用途广泛，如用于通信和监测天气。

半导体（SEMI-CONDUCTOR）
一种导电性可受控制的材料。

桔槔（SHADOOF）
一种运用杠杆原理设计的吊杆装置，有一个中心支点，一端安装着桶，从河流或池塘中舀水灌溉庄稼，另一端有一个平衡锤。

太阳能（SOLAR POWER）
太阳所产生的能源。

太空探测器（SPACE PROBE）
一种无人驾驶的宇宙交通工具，用于研究太空（或行星、月球及其他天体）。

物种（SPECIES）
一群具有相似特征的生物。

蒸汽（STEAM）
以一种看不见的气体形态存在的水，冷却时会形成可见的水滴。

听诊器（STETHOSCOPE）
一种用来倾听身体声音的诊断用具，两个耳片由导音管连接到一个小的共鸣器上，放置在身体上时可收集身体发出的声音。

流线型（STREAMLINED）
圆滑流畅的形状设计，可以减小在空气或水中的阻力。

涡轮机（TURBINE）
一种内有旋转叶片的鼓状发动机，用来发电或产出其他能量。

尿素（UREA）
一种身体产生的废物，通常由血液携带到肾脏，并通过尿液排出体外。

阀（VALVE）
通过开关某种封盖来控制液体或气体流动的装置。通常只允许单向流动。

焊接（WELDING）
加热后通过压缩，使材料（尤其是金属）结合在一起的过程。

酵母（YEAST）
一种被归入真菌类的单细胞微生物，可用来制作面包，使面包膨胀起来。

参考答案

第 18—19 页　不可思议的塑料
趣味谜题：
你会用哪一种材料来制作……
1. 金属—— 更加坚固
2. 塑料—— 安全、有弹性
3. 塑料—— 易于保温

第 40—41 页　强大的微生物
趣味谜题：
寻找基因编码
棕色眼睛

第 52—53 页　0 和 1 的世界
趣味谜题：
你能破解数字代码吗？
正方形 = 返回基地

第 64—65 页　不知疲倦的机器人
趣味谜题：
人机对战
1. 机器人——最快的机器人能超越最快的人
2. 人——虽然机器人也能做薄煎饼
3. 机器人——有人不会转魔方
4. 机器人——它们摘得更快，而且不会疲劳
5. 人—— 人工智能可以写诗，但效果不佳
6. 机器人——它们更快，而且不需要呼吸
7. 机器人——有些机器人真的擅长这一手
8. 人——虽然有些机器人有这种程序，但无法跟人类魔术师相比
9. 机器人——有些机器人在工厂就干这种工作，做坏后从不发脾气
10. 人——机器人真的不擅长幽默

第 66—67 页　你好，机器人！
趣味谜题：
机器人训练挑战

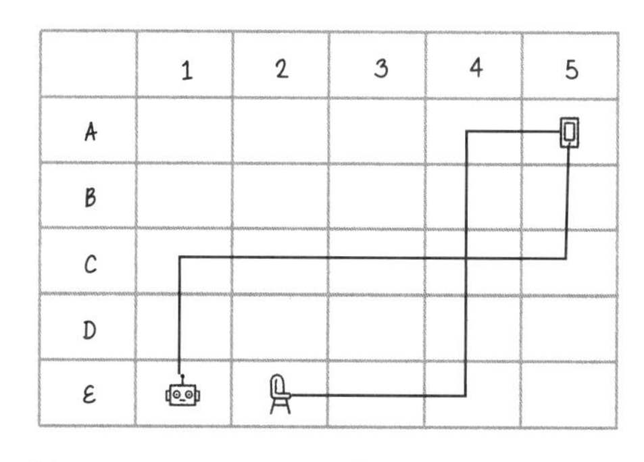

第 72—73 页　国际空间站
趣味谜题：
气闸室小测试
b. 气闸门上没有锁——太空里不需要担心强盗